U0378811

面白くて眠れなくなる進化論

有趣得让人睡不着的进化论

[日] 长谷川英祐 著
安可 译

北京时代华文书局

图书在版编目（CIP）数据

有趣得让人睡不着的进化论 /（日）长谷川英祐著；安可译. — 北京：北京时代华文书局，2019.7（2023.6 重印）

ISBN 978-7-5699-3085-6

Ⅰ. ①有… Ⅱ. ①长… ②安… Ⅲ. ①进化论—青少年读物 Ⅳ. ① Q111-49

中国版本图书馆 CIP 数据核字（2019）第 109097 号

北京市版权局著作权合同登记号 图字：01-2018-5391

有趣得让人睡不着的进化论
YOUQUDE RANG REN SHUIBUZHAO DE JINHUALUN

著　　者 | [日] 长谷川英祐
译　　者 | 安　可

出 版 人 | 陈　涛
选题策划 | 高　磊
责任编辑 | 邢　楠
装帧设计 | 程　慧　段文辉
责任印制 | 訾　敬

出版发行 | 北京时代华文书局 http://www.bjsdsj.com.cn
北京市东城区安定门外大街 138 号皇城国际大厦 A 座 8 层
邮编：100011　电话：010-64263661　64261528
印　　刷 | 河北京平诚乾印刷有限公司　电话：010-60247905
（如发现印装质量问题，请与印刷厂联系调换）
开　　本 | 880 mm × 1230 mm　1/32　印　　张 | 6.5　字　　数 | 104 千字
版　　次 | 2019 年 8 月第 1 版　印　　次 | 2023 年 6 月第 20 次印刷
书　　号 | ISBN 978-7-5699-3085-6
定　　价 | 39.80 元

自序

世界上有各种各样的生物，多到让人眼花缭乱。

小到肉眼看不见的细菌，大到体形巨大的鲸鱼，大量的生物存在于地球之上。生物学上把相似的生物统一以“种”为单位分类。然而，目前全世界共有多少“种”生物，至今也很难给出确切的数字。

以人类身边的伙伴——昆虫为例，仅科学家记载在册的昆虫就已经多达175万种，实际存在的种类应该比这个数字还要多很多吧。倘若再加上细菌之类的生物，生物种数就更加没有头绪了。

总而言之，世界上的生物种数之多，超乎我们的想象。

那么，为什么生物会如此多种多样呢？

生物学的研究目的之一便是揭示这个问题的答案。而且，生物还有一个不可思议的特性：所有生物都能够很好地适应各自的存活环境。

例如，生活在树叶上的蝗虫的身体以绿色为主，可以完美地与绿色的叶子背景融合，更难被天敌发现。生活在大海里的鲸鱼、海豚以及其他鱼类的身体都呈流线型，以便它们高效地拨开水前进，更加适应水中的环境。

这样的例子不胜枚举，所有的生物都能适应所处的生活环境。

生物学中把这种特性称为“适应性”。

为什么生物会有适应性？研究这个问题，也是生物学的目的之一。

从古至今，人类一直都饶有兴趣地探索两个问题：为什么世界存在这么多种生物？为何这些生物都具有适应环境的特性？随着时代变化，人类的思考也在不停变化。

曾经，人们一度认为“生物从诞生那一刻起就是现在的样子，不会随着时间发生任何变化”；再后来，开始有了“生物并不是一成不变的，而是会随着时间的改变而改变”的观点。

后来人们把后面这种观点称为“进化论”。

“进化论”是如何出现的？又是怎么被人类接受

的呢？

现代的“进化论”可以将生物的多样性解释到哪种程度呢？

后来“进化论”又是怎样有了新的发展？

本书将尽可能简单、清晰地描述关于生物多样性与适应性的进化论大冒险，为读者呈现一个意想不到的生物的奇妙生态世界。

书中结合不可思议的生物生态，从科学分析“如何变、变成什么样”这一本质问题出发，逐步解说进化论的历史、生物的可能性与界限以及生物学的全新发展。

本书适合那些想了解生物多样性魅力的人，尤其是非专业人士。

如果你认为进化很有意思，但是又觉得很难，不妨跟我开启一场进化论的冒险之旅吧。

长谷川英祐

目录

Part 1 进化论的诞生

Part 2

进化论的现在

Contents

目录

Part 3 进化论的未来

DNA

Part 1

进化论的诞生

Lamarck
Darwin

进化论诞生前：且看神灵强大的技能

“进化”一词并非自古就有。

“进化”这个词出现在生物学中也不过是250年前左右的事情。在此之前，人类认为“生物不会随着时间变化”。

当然，人们一直都想弄清楚世界上为什么有如此种类丰富的生物以及生物为何能够适应环境。于是，人们采取的处理方式是“给一个自以为是的说明，将问题暂且搁置”，而不愿承认自己的无知。

世上有很多原因不明的问题。

例如，对于古代人来说，人类为什么存在、太阳为什么会时明时暗、恶性疾病为什么会流行，这些问题的答案都不得而知。

即使现在也有很多不明所以的问题。

为什么光的传播速度是30万km/s？与宇宙有关的各种定量（如普朗克常数[1]等）为什么一定是那个值？诸如此类的问题对人类来说，依然是未解之谜。

当遇到无法说明的现象时，如果想要找到解释的借口，最简单的方法是什么呢？

那就是“召唤”，即把一切解释为全知全能的神灵所做即可。坏事或者可怕的事就可以当成神灵发怒。

每个民族都有创世神话。

人类无法解释世界为什么是现在的样子。

但是，他们又想知道，于是搬出了神灵——世界是神造的。世界之所以如此，都是神灵的旨意。一旦信服了这种说法，就少了很多烦恼与困惑。然而，这样的说明事实上没有解释任何问题，反而给人一种强行编造理由的感觉。

一切都是神的旨意。所以，生物呈现出的多样性以及生物对环境的适应性都是神灵的意图。人类产生了一种

[1] 普朗克常数：一个物理常数，用以描述量子大小。（译者注）

“且看神灵强大的技能”的敬畏感。

基督教文化圈信奉全知全能的人格神，信奉基督教的人笃信世上的一切都是全宇宙唯一的神亲手创造的。欧洲社会建立在基督教的基础之上，尽管科学是欧洲社会中很发达的一门思想，但据说科学兴起的目的其实是证明神有多么伟大，人们试图通过调查世界是如何发展形成的，以佐证神的能力。

每个社会文明都有关于创造神最初创造世界的神话故事。

讲个题外话，日本也有与国家诞生有关的神话。日本非常著名的起源神话中，父神伊邪那岐与母神伊邪那美共同创造了日本。不过这个神话还有一个有趣的插曲。据记载，伊邪那岐与伊邪那美不知如何孕育国家而感到困惑，正当这时，他们看到一对正在交配的鹡鸰鸟，伊邪那岐与伊邪那美大受启发，悟出了孕育国家的方法。

然而，世界存在之前，鹡鸰鸟是怎么诞生的也是个谜题。

无论如何，在进化论出现以前（西方世界），人们认为生物的多样性和适应性都是由神灵创造出来的，而且从古代起世界就没出现过任何变化，一直以现在的样子存在并延续着。

一言以蔽之，进化论诞生之前，“进化”的想法并不存在。

生存过程中不断变化的生物

生物最初的形态与性质和现在完全相同，从未发生变化。

以上是进化论诞生以前人们普遍的看法。为什么人们对于这样的想法，没感到任何违和？

原因或许多种多样，不过最可能的是经过数十年，“生物看上去并无变化”。

我小时候住在东京的郊区，那时家附近还有杂树丛，我经常去杂树丛里捕锹甲和独角仙。

已经过去了几十年，现在我用作研究材料的锯齿锹甲与我小时候的锹甲一模一样，何时、在何地、做什么等生态特性也没有变化。本书的读者当中，应该也没有人说自己的曾祖父不是人类吧（如果有，那真是抱歉）。

锯齿锹甲大约一年即可变成成虫，所以几十年间可以更迭几十代，然而其形态及特性看不出任何变化。几乎所有的生物在数十年的时间里都显现不出变化。以前人类的寿命有五六十年，这就意味着人在一生之中都无法观察到生物的变化。在这样的大背景下，以前的人自然会以为“生物不随时间变化”。

◆锯齿锹甲

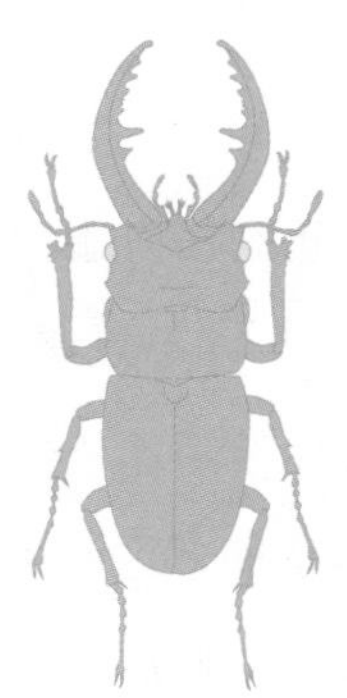

况且，基督教的《圣经》记载道，地球最早诞生于数千年前，所有的生物都是神在那个时候创造出来的。对于虔诚的基督徒来说，怀疑这一说法就相当于怀疑神。因此，当他们看到几十年内不见变化的生物，认为几千年来都是这个样子也不足为怪。

就这样，进化论以前的生物观逐渐成形了。

不过现实是，几乎所有的生物都会在极短的时间内发生变化。也就是所谓的“成长”或“老化”现象。

十年前的你和现在的你应该不一样吧？

看多年前的照片，应该会感叹“啊，那时候好年轻啊”“还是个孩子”等。人和其他生物都是一样的。鸟类有卵期、雏鸟、幼鸟、成鸟几个发育过程，昆虫也会经过卵、幼虫和成虫的成长阶段。

就连细菌也不是在分裂之后直接继续分裂，而是长到一定程度后才开始分裂。生物一生中一定会经历成长的过程。也就是说，生物会随着时间的变化而变化。

为什么所有的生物都会成长？以分裂增长的细菌为例，如果不成长就分裂的话，身体会越来越小，因此细菌需要经历成长发育的过程。

或许有人觉得人不长大就孕育后代的话可能也没什么问题，但是出生的孩子如果不长大就继续繁殖的话，身体只会越来越小。所以，再次孕育与母体同样大小的个体时，在某一个阶段一定需要有“成长”的步骤。“生物一生之中在不断地发生变化”。

在很长的时期里，人类信奉生物不变的理论。

究其原因，恐怕是人类认识的所有生物尽管在一生之中会发生变化，但是所生的孩子会变成与父母同样的形态，因而以“一生”为单位来看，父母与孩子之间并无差别。刚才提到的那些锯齿锹甲也是一样，即便经过几十年，都一如既往地从卵期孵化，再成长为幼虫，变成蛹，最终变成成虫孕育下一代。

人、鸟、马、鱼……

我们所知的所有生物都重复着这样的生命周期。

因此，古代的人坚信生物不变，尽管物种之间有差异，但同一种类会保持不变并持续地延续下去。毕竟我们一辈子没看到过一种生物变成其他种类的现象。

如果一种生物不经变化永远延续下去，“理论上”来说，世上多种多样的生物应该都是一个一个诞生的，而且其形态从未发生过变化，并能永远存续下去。

“神创论”认为神创造了地球上的生物。生物从古至今不发生变化这一看法与人类观察到的事实一致，也有一定的合理性。

而“科学理论”只要不与观察到的事实有出入，就可以视其为正确的理论。

人的一生会经历数十年，在其生涯或记忆之中，对比两三代人甚至数百年内的记录，也观察不到某些物种“变化”的迹象，所以生物一直都以现在的样子存在的假说才得以流传下来。

古代的人认为
“生物不随着
时间变化”。

跨世代的变化

但是，随着人们对世界的研究逐渐深入，“世界诞生之初创造了各种各样的生物，之后生物一直处于不变的状态”这一假说出现了很多站不住脚的地方。首先，人们慢慢发现“地球的历史比《圣经》所写的要久远得多”。

《圣经》中提到从地球创造至今共六千年左右，但地质调查发现地球的年龄远远不止六千年，早在几十亿年前，地层就已经开始堆积。

此外，从古代的地层中发现了植物、鱼类等化石，随着地层变新，依次出现了爬虫类、鸟类、哺乳类的化石。

要想准确地解释这个事实，就需要认定地球很久很久以前就已经诞生，而且生物在从简单变得复杂。这种想法成了进化思考的萌芽。

但是这种学说遭到了“神创论”拥护者的反对。他们笃信神在创造世界的时候，就将世界创造成了现在的样子。也就是说，地球看似有几十亿年的历史，其实也是几千年前神创造世界的时候创造出来的表象，而且化石生物实际上并没有在地球上生活过。面对这种反对，人们无法通过原理进行反证，因而无法证明其错误性。即使现在，信奉“神创论”的人也持有同样的主张，对现今基于进化理论的生物观抱着否定态度。

再插句题外话，科学无法证明“××不存在”，只能在“有××”的前提下证明其真实存在。

例如，英国的尼斯湖多次有人目睹尼斯湖怪出没，但数次搜索均未发现尼斯湖怪。

但是，我们无法否定“不是不存在，只是没发现”的可能性。科学是无法证明“××不存在”的（“××”当中可以任意填入超能力、灵魂、尼斯湖怪、“万能细胞”STAP等）。

不过，随着人们对地球科学知识的积累，出现了认为“生物或许一直在变化”的人。然而，仍然有一个事实阻碍着人类：据观察，没有生物可以变化成其他生物。

正如先前提到的锯齿锹甲的例子，人类所知的生物历经几十代（有的甚至几百年），未见任何变化。

“生物即使跨世代也没有变化”这一观察到的事实不容否认。但同时，人类发现的生物化石也确实与现在的生物存在差异。

倘若化石生物并不是以化石的形式被神创造，而是以化石那样的样子存活过的话，就可以说明过去与现在的生物形态不一样。也就是说，生物会随着时间改变其形态。

我们先将“神创论”抛在一边，如果科学地考虑变化论，那就需要解开“生物究竟以什么样的机制出现了跨世代的变化？”这一谜团。

此外，既然认为生物都具有适应性，还需要同时解释上述机制“为何能产生适应性”。进化论的历史上，法国博物学家让·巴蒂斯特·拉马克（Jean-Baptiste Lamarck）首次提出了勉强能够符合上述条件的假说。

拉马克的“用进废退学说”

拉马克（1743—1829）是比达尔文（1809—1882）活跃时期更早的博物学家。他是首个认为生物会随着时间的变化而变化并首次公开提出生物多样性与适应性学说的学者。

这个学说被称为“用进废退学说”。较早一批的日本高中生物课本还包含“用进废退学说”，说明此学说是最早的进化学说，不过随着达尔文进化论得到证明，生物课本中的这一学说就被删掉了。

但是，就“进化论”的历史而言，拉马克先于达尔文提出的“用进废退学说”既有理论性又有完整性，具有不可或缺的重大意义。

而且，从最新的生物学观点来看，拉马克的“用进废退学说”未必有误。关于这一看法，我会在后面进行论述。

他的学说非常简单：每个生物个体在成长的过程中都会发生变化，这是非常明确的事实。拉马克得出这一结论的基础是：随着成长，生物会积累经验，而这种经验会对生物的形态及性质造成影响。

例如，锻炼身体的人肌肉发达，身体能够变得健硕，与不锻炼的人比起来"能做到"的事情也不一样。诸如此类后天获得的特征如果以某种形式传给后代的话，生物就会发生跨世代的变化。

而且，如果性状顺应需求产生并传承的话，特定环境所需的性状可以得到发育传承，不需要的性状会逐渐衰退消失。如此一来，生物有适应居住环境特性的原因也可以解释得通。也就是说，要想在环境中生存，生物就需要具备某些性状，并让这种性状发育之后将其传给子孙后代。这就是"用进废退学说"。

"用进废退学说"清晰地解释了两点：生物随着时间变化并获取了多样性；各种生物都表现出了适应性。随后，人们为了科学地验证这一学说是否属实，以其为对象展开了研究。

“用进废退学说”与“神创论”非常不同的一点是：“用进废退学说”是一种科学假说。它的关键之处在于生物通过体验获得的性状（获得性状）是否会遗传给下一代。如果这一点成立的话，这个学说从原理上来讲就是成立的。

◆拉马克的“用进废退学说”

脖子短的鹿为了吃到树叶，脖子发育得更长（长颈鹿）。

脖子短的鹿为了吃到树叶，脖子发育得更长（长颈鹿）。但是，动物即使通过运动让肌肉变得发达，在繁殖下一代时，孩子也不会天生筋骨发达，与不运动的个体的下一代毫无差别。经过多次验证，均没有得出可以支持获得性状的遗传结果。

道理上再说得通的理论，如果找不到可以佐证的事实，就无法承认理论假说属实。因此，拉马克提出“用进废退学说”后，其科学假设的正当性并未得到认可。

但尽管如此，也不能否定拉马克提出“用进废退学说”在科学史上的意义与价值。在科学发展的历史中，人类提出了各种各样的假设，只有那些验证过程中没有产生矛盾的假设可以保留下来。

此前，人们相信“生物是由神所创造且一直不会发生变化”，但这种说法无法通过科学得到验证；而拉马克提出的“用进废退学说”兼具理论性和整合性，并且这种科学假说可以进行验证。所以，拉马克对科学界的贡献值得我们铭记。

而且，我们也不能忘记这个理论在科学史上的意义，“用进废退学说”超越了“生物不进化”的思想，将“生物进化”摆上了科学的天平经受测试。对于“进化论是如何进化而来的”这个问题而言，拉马克提出的“用进废退学说”无疑相当于“最初的进化论”，是进化学说研究史上一个巨大的里程碑。

在此之后，“进化论的大咖”——达尔文登上了历史舞台。

达尔文的冒险与达尔文雀和象龟

达尔文之所以能称得上“大咖”级别，是因为他首次从理论及事实角度都没有矛盾地解释了生物多样性与适应性原理，堪称世界第一人。

拉马克的“用进废退学说”在理论上是站得住脚的，但遗憾的是观察到的事实无法证明他的理论，所以这一学说最终没能以科学假说的身份保留下来。

达尔文的假说包含什么内容？它的诞生经历了什么样的过程？后面的章节我会详细讲述。达尔文理论是保留至今的“解释适应进化现象”的唯一假说。也就是说，人们观察到各种各样的事实都在支持达尔文的学说。

达尔文的假说大约延续了250年，堪称兼具理论性和整合性并且符合事实的伟大发现。达尔文进化论在科学史上是与爱因斯坦相对论同样重磅的发现。

那么，达尔文的假说是如何诞生的呢？

1809年，达尔文出生在英国的一个富裕家庭，年轻时候，他的目标是成为一名医生。在努力的过程中，他对生物产生了兴趣，开始观察并调查各种各样的生物。后来，有一本书给他带来了很大的影响，改变了他看待事物的方式。这本书就是查理士·莱伊尔（Charles Lyell ，1797—1875）的著作《地质学原理》。

看书名就知道，这是一本关于地质学的书。书中论述了高山等地形是如何产生的。莱伊尔认为高山、低谷等凹凸不平的地形并非一夜间出现的，而是慢慢变化、经过几百年的时间逐渐形成的。

尽管变化很缓慢，但是日积月累后这种变化就会很巨大。

达尔文换位思考，将这个过程想象到了生物身上。

即生物是否也在不断变化？生物的变化是否也经过了很长时间呢？我们之所以认为生物不变，其实是因为生物的变化需要经过很长的时间，短时间之内根本注意不到。或许，读了《地质学原理》后，达尔文的心中就萌生了这样的想法。

后来，达尔文迎来了改变命运的旅程。32岁时，达尔文以船医和船长旅伴的身份搭乘贝格尔号舰（HMS Beagle），开始了一段探险之旅。

这场旅行中，等待他的是他前所未见的各种生物。航海时遇到的生物让达尔文确信“生物是变化的”，并促使达尔文发现了生物进化的原理。

据说，达尔文在加拉帕戈斯群岛遇到的两种生物为他的“进化论”猜想带来了巨大的影响。

一种是名为“达尔文雀”的小鸟，另一种是身材巨大的加拉帕戈斯象龟。从加拉帕戈斯群岛的名字就能看出，这是一个集合了多个岛屿的群岛。加拉帕戈斯群岛位于距中美洲厄瓜多尔海岸大约900千米的海上，与陆地相距甚远。

因此，达尔文产生了一个很自然的想法：加拉帕戈斯群岛上的生物不可能多次往返于大陆和各个岛屿之间后住在岛上，而是一次性进入群岛后，逐渐将分布范围扩大至各个岛上。达尔文来到加拉帕戈斯群岛，映入眼帘的是形态与各个岛环境相适应的生物们。

达尔文雀存在于各个岛上，但是每个岛上的达尔文雀的性状都有细微差距，尤其是鸟嘴的形状差别最大。

有的岛上的达尔文雀鸟嘴细长尖锐，而有的则呈粗短的钳子状。

嘴部尖细的达尔文雀主要以虫子为食。它们可以巧妙地利用细长尖锐的嘴巴从树洞中把栖身于内的虫子啄出来。而嘴部短粗的达尔文雀主要以树的种子为食。形似钳子且具有一定厚度的鸟嘴能够巧妙地割断坚硬的树木种子。在鸟嘴形状各不相同的各个小岛上，达尔文雀吃的食物种类也非常多。

以上的观察结果显示，达尔文雀长着适应栖息环境的鸟嘴。但是，这个发现依然不能否定“神创论”。或许嘴部细长的达尔文雀和嘴部呈钳子状的达尔文雀刚好分两次飞到了岛上。

可是，同样的现象也出现在了身体很重完全不能游泳的象龟身上。象龟甲长1米以上，属于体形巨大的陆龟，以植物为食。

不同岛屿的象龟形态差别主要表现在龟甲前面的边缘处。草丛茂盛的岛上，象龟没有必要伸长脖子吃食物，所以龟壳前端边缘处不会鼓起来，象龟的体形表现为不能抬高脖子的构造。

◆象龟龟壳前端边缘处的差异

但是，在干燥且草丛很不发达的岛上，象龟主要食用根部像木材一样坚硬的仙人掌类植物，因此龟壳前端的边

缘处会严重鼓出来，以便象龟抬高脖子够到高处不像木材那般坚硬的部位。

象龟在形态上具备与环境完美契合的特征。象龟不会游泳，掉到水里便会死掉。因此，难以想象它们同达尔文雀一样，以不同的形态分多次进入各个小岛。那么，想象一下象龟是如何横渡岛屿的呢？或许是海面下降的时候走到了陆地，又或许是象龟乘着倒下的树木横渡了海洋？

如我们常识所知，仅靠这些事实与猜测，尚且不能说明生物出现了适应性进化。

因为将这些现象解释为“神创造达尔文雀与象龟的时候就是这样子的”也与观察到的事实丝毫不违背。前面我们也提到过，“神创论”没有与任何事实相矛盾，正因如此，“神创论”也是一种理论上无法找到证据将其否定的学说。

无论摆出什么样的观察事实，只要一句“是神创造成这样的”，就能应付了事。无法用证据否定，其实说明了这种学说并不科学，它的真伪无法判断。现代物理学中，宇宙起源相关的假说也大概是一样的情况，所以都比较微妙。

言归正传，当时几乎所有人都相信“神创论”，达尔文当然也是在这样的信仰中长大的。

那时候，人们尚未认识到生物是变化的，而我们现代人觉得理所当然的“进化”现象和关于进化原理的学说，对于那个年代的人们来说，是一个完全未知的世界。

打比方来说，达尔文也不过是在闭塞的深井底，望着目所能及的一小块天空，试图了解外面的世界。

世界上仅少数人具备特定的才能，他们面对无人了解的现象时，能够洞悉现象背后的本质，得出“或许是这样”的推论。达尔文便是如此，注定伟大的人物之一。

他在贝格尔号舰之旅中邂逅了达尔文雀与象龟等生物，尽管这次旅程并没有立即让他得出“进化论”的原理，却在达尔文心中为“进化论”的诞生奠定了重要的基础。

正如莱伊尔在《地质学原理》中的论述一样，达尔文的进化思想日积月累，最终以“自然选择学说”的形式面世。

自然选择学说的发现

经过了贝格尔号舰的航海之旅，或者说是回到英国观察各种生物之后，达尔文慢慢坚定了生物会逐渐变化的理念。这个理念也可以解释从旧的地层到新的地层出土的生物化石为什么越来越发达。

但是，如果不能合理地说明生物如何变化，就称不上揭示进化原理的科学。后来，品种改良为达尔文带来了很大的灵感，促使他找到了这个问题的答案。当时，英国上流阶级流行让鸽子交配，来选拔具有特定性状的鸽子，配种后会产生新品种的鸽子。

鸽子通过交配与筛选实现了品种改良。同样的事情不仅用于鸽子，也用在了与人类亲密的狗的各个品种上。例如，吉娃娃和圣伯纳犬很明显就不是一个犬种。

另外，大家熟悉的金鱼就是从鲫鱼改良而来的品种。

这些例子都明显地表明某种生物可以通过反复交配与筛选获取特定的性状，也就是说人为地重复筛选能够改变生物原本的形态。

达尔文基于品种改良的知识展开了思考。既然品种改良可以用人为筛选改变生物的性状，那么自然界中的生物岂不是也能被自然界的某种力量筛选并改变性状？

但是，自然界中的生物究竟是否会经历筛选的过程？

如果会的话，又是如何筛选的？

这是达尔文需要回答的终极疑问。

达尔文调查了大量的生物，着眼于“生物是如何诞生发育的”，突破了这个难关。生物并不是以单一的个体存在于自然界中，同种生物通过不同个体之间的交配繁衍后代。也就是说，生物是以具备同样性状的所谓的“物种”集团生存的。

而且，生下来的后代有很多，并不是所有后代都能发育长大。有病死的，有被其他生物吃掉的等，最终能长到成年的个体只有很少的一部分。

此外，后代之间的性状也有微妙的差异。这一点在动植物身上可能较难看出来，但是在人身上就很明显，每个孩子的长相不同，跑得快慢、力量大小等都不一样。从不同个体性状不完全一样的角度来思考的话，会发现动植物也是如此。

相信你已经很清楚了。

数量众多的后代之间存在微妙的差异，他们之中只有一部分个体能存活下来。因此，在生物成长的过程中，只有性状完全适应环境的个体才会通过筛选。这就是“自然选择学说”的发现过程。

我们再来总结一下前面的重点。

每个生物都有很多能够交配的同种个体。生物交配可以孕育出很多后代，但其中能长大发育成熟并存活下来的个体只有一部分。后代之中比其他个体更适应当下环境的个体更容易存活。因此，经过总结得出，较适应环境的个体才能生存。

由于众多后代中只能存活一部分，所以为了存活下来，生物之间会形成竞争。这种现象称为“生存斗争”。“生存斗争”与品种改良的原理完全相同，不断重复之后，“性状与环境相适应的个体”会不断增多。于是，生物的平均性状不断发生变化，变得更加适应环境。这就是达尔文自然选择学说的主旨。

此外，还有一点没有解释。

用来指摘拉马克“用进废退学说”的一个有力论据是“亲代通过体验获得的性状不会传递给子代”。而达尔文的“自然选择学说”中，如果筛选出来的性状不会传给下一代的话，那么无论多有利的性状，到下一代的时候都会从生物集团中消失。这样就无法推导出生物一直在变化。

聪明的达尔文当然也发现了这一点，并准备了妥善的答案。

当时人类还没有发现遗传的原理，但是孩子天生与父母长得像，达尔文从这个事实出发，认为生物的性状可以遗传，且遗传所得的性状便是通过“自然选择”产生的适应性进化。

我认为，严谨的理论结构表现出了达尔文的性格和伟大。达尔文按照顺序一步步构筑起自己的理论，使得人们对于生物的理解发生了巨大变化，最终生物进化这座“大山”的真面目才逐渐显现出来。

我是圣伯纳

我是吉娃娃

看起来确实是不一样的狗狗。

《物种起源》的发表与反响：去神化

但是，达尔文的学说一直没有得到发表。人们对其理由有多种猜测，其中一个便是“因为自然选择学说下的进化假说不需要神的存在”。

在几乎所有人都相信“神创论”的社会中，仅从理论上以“假说”的形式发表不需要神存在的学说非常危险。虽然不至于像提倡“日心说”的伽利略·伽利雷（Galileo Galilei）一样遭到宗教法庭审判，但是没有证据就提出“自然选择学说”的话，很容易被贴上不畏惧神的异端者的标签，导致不利的后果。

性格谨慎的达尔文进一步观察了各种各样的生物，继续对比研究观察到的事实与“自然选择学说”是否矛盾。当然，他的研究并不是完全保密的。据说，达尔文向关系要好的科学家透露了自己的想法，并展开了议论。

经过了一年又一年，就在即将迎来五十八岁生日时，达尔文收到了一个令他震惊的消息。

一位名为阿尔弗雷德·拉塞尔·华莱士（Alfred Russel Wallace）的年轻探险家在英国的科学杂志上投稿，发布了与“自然选择学说”持有相同观点的论文。据说这一消息是达尔文的好友告知他的。此时，历经数十年谨慎研究的达尔文不得不有所行动。

1858年，自然选择理论作为华莱士的共同论文一并在伦敦林奈学会发表。1859年，“自然选择学说”以著作《物种起源》的形式公开发表。

以现代标准来看这个故事，可能会觉得达尔文有些狡猾。在科学界中，首次写出论文的人才是首任发现者。如果严格套用这个原则的话，自然选择的发现人不是达尔文，而是华莱士。也有人凭借这个事实，认为达尔文剽窃了华莱士的研究成果。但是，达尔文表明针对这件事情与华莱士交换过很多次意见，并取得了华莱士的许可。

此外，达尔文与华莱士不同的是，达尔文观察了数量庞大的生物种类，严密地论证了“自然选择学说”可以有力地解释生物进化现象。《物种起源》可以说是达尔文进化思想的集大成著作，内容非常具有说服力。

达尔文不仅给出了支持学说的事实，同时也列举了自然选择学说可能解释不了的现象。例如，蚂蚁和蜜蜂之中，只有女王产卵，工蚁和工蜂不能产卵。“自然选择学说”的观点无法解释不产后代只工作的性状如何传递给下一代。即使是科学家，也很容易回避与自己学说相悖的事实，但是达尔文非常诚实地正视了这个事实。在《物种起源》中，他提到自己的自然选择学说可能无法解释蜜蜂与蚂蚁的存在。

达尔文的态度与著作内容足以让人们对“自然选择学说”有一个充分的认知。据说，后来华莱士赞扬达尔文才称得上是“自然选择学说”的倡导人。

顺便提一下，现代进化理论中认为蜜蜂与蚂蚁中的工蜂与工蚁都是女王的后代，掌管它们不产卵、只工作的性状的遗传基因存在于女王的身体中，基因能够通过女王遗传给下一代。也就是说，蜜蜂与蚂蚁是通过血亲实现的自然选择。

总之，《物种起源》掀起了一阵热潮。无论如何，达尔文的“进化论”里没有代入神的存在，充分说明了生物的多样性和适应性。科学界很快承认了达尔文清晰的理论，但是普罗大众对其理论仍然是半信半疑。

尤其是和教会有关的人士对达尔文的理论进行了严厉的批判，号称《物种起源》是亵渎神灵的谣言。教会奉行“人是神创造的生物里最崇高的存在”的教义，达尔文的理论揭示了一种与教会教义完全不同的生物观。如果达尔文的学说正确，恐怕人都是从猴子变化而来的，并不是什么特别的存在。

人们从心理上对达尔文的理论有很大的抵触，当时的报纸还刊登过揶揄“进化论”的讽刺性画作——在猴子的身体上画上了达尔文的脸。尝试展开行动的教会不断批判进化论，终于达尔文迎来了教会与进化论拥护者正面对决的时刻。

会场上人满为患，聚集了众多听众，代表教会的牛津大主教塞缪尔·威尔伯福斯（Samuel Wilberforce）登场了。他煽动群众道：“诸位，根据进化论，我们是丑陋的猴子的子孙。你们能承认这样的说法吗？不能吧！”

当时达尔文染病，达尔文的友人托马斯·赫胥黎（Thomas Henry Huxley）以达尔文进化论的代表身份参与了辩论，人们将其称为“达尔文的斗犬”。赫胥黎反驳塞缪尔道：“我宁愿要一个可怜的猴子做祖先，也不愿要一个愚昧无知、在庄严的科学会议上只会嘲讽挖苦的人做祖先。”

平时听够了教会傲慢说教的听众们对赫胥黎的辩论大为喝彩。这次事件顷刻在群众之间传开，达尔文的“进化论”逐渐开始被社会所接受。

Part 2

进化论的现在

Watson
Crick

遗传的发现

达尔文的“自然选择学说”完美解释了各种各样的生物现象。但是，这个学说不过是一种预测（定性预测），预测“可以观察到生物朝着一定的方向变化”。为了严密地检验一个理论的科学性，需要先行预测（定量预测）在某个力量作用下，调查对象会发生怎样的变化、变化方向如何。此外，还需要验证预测与观察事实是否一致。

从这个角度来看，达尔文时代的“进化论”充其量只是一个尚未成熟的理论。因为达尔文还没有发现定量预测所需的必要条件。

通过不断研究，人们发现自然选择产生适应性进化必要的因素有以下三点：

1. 进化的性状从亲代传到子代（遗传）；

2. 每个个体之间的遗传性状会有所差异（变异）；

3. 根据差异，个体存活的难易程度及其后代存活的难易程度会有所差异（选择）。

当这三个要素均具备时，生物便会自动进行适应性进化。其中，“遗传”尤其重要，是进化发生的绝对条件。

达尔文时期，仅从子代与亲代性状相似推测出发生了遗传现象，但是，达尔文并不了解其中的原理。

在一定的条件下，生物的一个世代可以进化到什么程度（形状是否发生变化）在很大程度上受遗传和选择能力强弱的影响。根据子代和亲代的相似程度、个体性状遗传给下一代的量化程度，就能决定生物的一个世代会发生多大程度的性状变化。

如果某种性状的数量几乎没有传给后代的话，即使有很强的选择作用，性状也不会发生变化。进化现象被记录为性状的量变，所以要想从理论上调查是否发生变化，需要预测变化的量。为此，人类必须等待遗传规律被发现。

“遗传规律”是由孟德尔发现的。孟德尔是一名牧师，他通过豌豆杂交来调查生物的各种性状如何遗传给后代，并发现了有名的孟德尔定律。其内容如下：

1. 分离定律：每个个体的性状存在于一对遗传基因上，当配子（卵子或精子）形成时，两个基因互相分开，分别进入一个配子中。

例如，“表皮光滑”×“表皮褶皱”的豌豆亲代，产生的“表皮光滑”的配子与“表皮褶皱”的配子比例为1∶1。

2. 显性法则：如同豌豆有“表皮光滑”和“表皮褶皱”之分，同一形态上性状有差异的亲代杂交后，子代会产生表现出来的性状（显性）和隐藏的性状（隐性）。

例如，“表皮光滑”与“表皮褶皱”的豌豆杂交后，后代个体会显现出“表皮光滑”的性状。

3. 独立分配定律：支配不同形态的遗传因子会独立传给配子。

例如，“表皮光滑”×“表皮褶皱”的豌豆亲代，“表皮光滑”的配子与“表皮褶皱”的配子比例为1∶1，但是“红花”与“白花”性状的遗传基因不受该比例的影响。

也就是说，有“表皮光滑”“表皮褶皱”遗传基因的豌豆中，一半是“红花”、一半是“白花”。其结果就是，“表皮光滑、白花”“表皮光滑、红花”“表皮褶皱、红花”“表皮褶皱、白花”的比例为1：1：1：1。

孟德尔通过周密的分析，发现了遗传的基本原理：遗传基因支配着生物的性状，每种性状对应一组（两个）基因，配子形成时，其中一个会分别传到配子中。这个基本原理引出了“孟德尔的三个定律”。孟德尔将研究结果整理成论文，积极地寄给了杂志。

但是，他的研究成果没有被承认。至少在他有生之年，世人没有认可。论文没有引起关注，孟德尔备感失意，直至去世论文都未曾公布于世。

19世纪90年代后期，孟德尔去世之后，完全独立的三个研究小组再次发现了“孟德尔定律”。他们得出报告以后，人们方才意识到孟德尔论文的价值，孟德尔也终于迎来了被认可的一天。

如今，孟德尔定律出现在了所有的生物教科书上，成了生物学的基本知识点之一。

孟德尔发现的遗传原理并非适用于所有的生物，只适用于包含人类在内的“二倍体生物”，即有两组遗传信息（染色体组）且从头到脚都是由遗传信息决定的生物。

◆孟德尔定律（以豌豆为例）

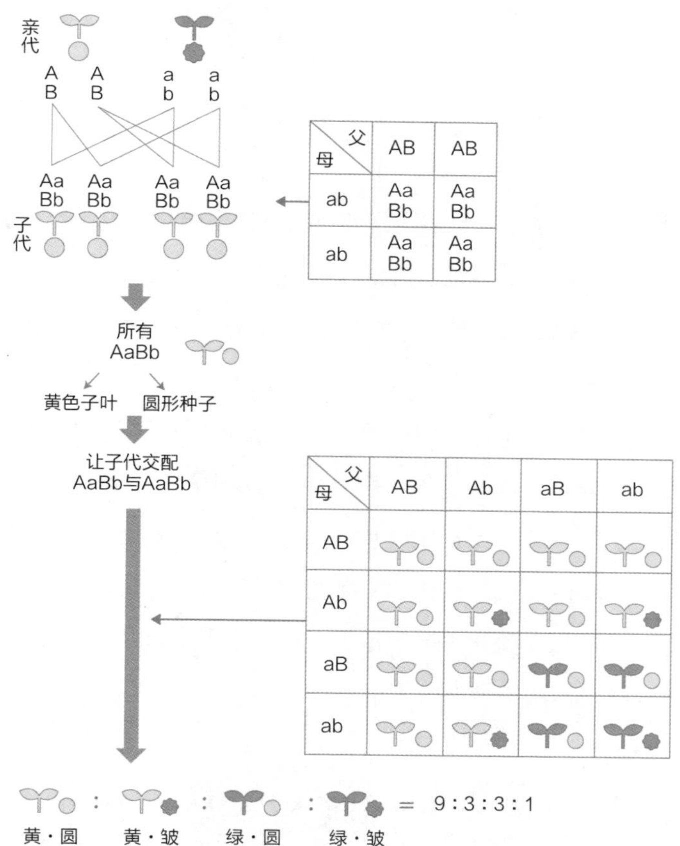

亲代
A B
A B
a b
a b
Aa Bb
Aa Bb
Aa Bb
Aa Bb
子代
父
母
AB
AB
ab
ab
Aa Bb
所有
AaBb
黄色子叶
圆形种子
让子代交配
AaBb与AaBb
父
母
AB
Ab
aB
ab
= 9:3:3:1
黄·圆
黄·皱
绿·圆
绿·皱

很多生物都是二倍体。二倍体生物的染色体组里，只有一组会传给卵子（来自母体）或精子（来自父体）。然后，卵子与精子结合，再次形成二倍体的个体。

孟德尔发现了阐释“自然选择学说”所必要的遗传机制。后来，科学界的看法发生了改变，认为生物各种各样的性状均由各个传给后代的遗传因子（=基因）决定，基因支配的性状会在自然选择的作用下产生进化。

而且，人们通过了解基因如何组合、组合时以什么样的性状显现，就能调查染色体组合（基因型）及其显现性状（表现型）之间的关系。

显性法则中，不同基因进行组合的时候，某一方的基因性状会完全显现出来，不过也有出现中间性状的情况。

例如，豌豆“红花”和“白花”染色体组合后，花朵会变成粉色。一定性状的个体在什么程度时更容易保留后代？自然选择据此作用于每个个体，所以可以认为能显现不同性状的基因被保留了下来。

遗传机制日渐明朗，使得人类能够以基因频率的变化来分析生物每一代的进化程度。基因频率是指在一个交配种群的所有遗传基因中研究基因（例如红花）所占的比例。一半是红花基因的话，则基因频率为0.5。

这种理论被称为“种群遗传学”。根据“种群遗传学”，可以通过基于遗传规律和自然选择的基因频率变化来衡量进化的程度。

不过，依然有人类尚未明确的事情。

如果基因一直不变的话，种群中就不会出现变异。也就是说，进化的三大条件之一“变异”就不存在了，进化也就不会发生。

那么，变异从何而来？

变异是如何产生的？

为了解答这个疑问，需要了解基因的本质。

遗传基因的本质

孟德尔的研究表明，生物的性状会伴随着特定的基因遗传给后代。那么，下一个大问题就是——“遗传基因究竟是什么？”

根据“自然选择学说”，接受选择的种群中存在多种性状的个体（即变异）。这些变异是如何在种群中产生的呢？稍微思考一下就会发现，自然选择只会让种群中特定的个体（适应环境的个体）繁衍后代并保留下来，因此变异现象应该会逐渐减少。

那么，如果变异总归会消失的话，进化是否会停止？

为了解答这个问题，人类需要了解遗传基因到底是什么？是什么样的机制促使变异产生？

很多生物学家埋头苦干，向“遗传基因由何构成”“遗传信息如何传给后代”这两大生物学疑问发起了挑战。

最终，人们通过病毒实验找到了问题的答案。

病毒寄生在宿主细胞内，可以在细胞内进行大量自我复制。病毒的核酸（DNA或RNA）被蛋白质外壳包围，病毒没有自己的代谢机构，所以无法独自进行自我复制。因此，病毒是否属于生物，目前仍在争论。

病毒在感染的细胞内大量复制，破坏细胞。在自我复制的过程中，病毒的遗传基因会利用宿主细胞的代谢机构传递信息。病毒仅由核酸和蛋白质构成，所以遗传基因的本质有如下三种可能性：

1. 核酸；

2. 蛋白质；

3. 核酸和蛋白质。

美国微生物学家阿尔弗莱德·赫尔希（Alfred Hershey，1908—1997）和他的学生玛莎·蔡斯（Martha Chase，1927—2003）通过一个巧妙的实验验证了遗传基因的真面目。蛋白质内含有“硫离子（S）”，核酸内不含硫离子。于是，赫尔希与蔡斯用具有放射性的“硫离子（S）”标记了蛋白质，同时用放射性的磷酸标记了核酸，然后让病毒感染细胞后，将培养液离心分离。

细胞的重量远远大于病毒，所以很快就能沉淀。而病毒很轻，很难沉淀。通过调节离心分离的强度，就能让细胞与病毒分离开来。

只要分析沉淀的细胞含有哪种放射性物质，就能确定进入细胞内的遗传因子是核酸还是蛋白质（或者两者都有）。

结果发现，感染细胞中包含的是DNA。以此证明了“遗传因子是DNA”。尽管说明起来很简单，但是从无到有思考可行的方法并付诸实践却不是一件易事。

高中的生物课本上有很多这样的事例。但是，要想以教育的手段培养出优秀的科学家，或者让一般大众爱上科学，需要让人们知道那些留下伟大科学成果的人们“实现的这些实验历经了怎样的过程”。从这一点来看，教科书的内容显然还是略显枯燥。

不管怎样，人类发现了遗传因子是DNA的事实。下一个目标就是揭秘DNA的构造以及遗传信息以什么样的方式存在于DNA的什么位置。

当然，很多科学家都向这个课题发起了挑战。当时确定物质结构所用的方法如下：用放射线照射需要确定结构的物质，用X射线胶片捕捉弹回来的放射线的影子，通过分析影像图谱来分析物质结构。

这个方法非常考验摄影技术。如果拍不好的话，就无法推测出正确的物质结构。当时，美国的詹姆斯·杜威·沃森（James Dewey Watson）和英国的罗莎琳德·富兰克林（Rosalind Elsie Franklin）潜心钻研，成了这个领域的佼佼者。

尤其是罗莎琳德·富兰克林，她的摄影技术非常精湛。不过，据说她性格比较怪异，不太受周围人喜欢。有一天，找不到灵感的沃森造访了富兰克林的研究所。那个时候，沃森设想DNA可能是“三股螺旋结构”，由三条长长的、连在一起的锁链缠绕在一起。

沃森造访富兰克林研究所的时候，富兰克林恰好不在。据说，沃森拜托在场的富兰克林的同事，向他展示了富兰克林拍摄的照片。通常没有人会给有竞争关系的研究人员看照片，但富兰克林的同事跟她关系并不好，所以就将桌子上的照片指给了沃森。

沃森盯着照片看了很久，没来得及打招呼就折返回去，并将刚刚看到的信息写在了笔记本上。不久后，沃森与英国的弗朗西斯·克里克（Francis Harry Compton Crick）联名发布了一篇关于DNA结构报告的短论文，发表在了著名的科学杂志*Nature*上。这些发生于1953年。

就这样，DNA的双螺旋结构公之于众，一根链条上排列分布着腺嘌呤（A）、胸腺嘧啶（T）、鸟嘌呤（G）、胞嘧啶（C）四种碱基，另一条上的碱基分别与之对应，按照“A-T”“G-C”的对应顺序排列。

沃森他们认为遗传信息可能是由碱基的排列顺序来表达的。

沃森与克里克的研究获得了诺贝尔奖，但是也有人通过上面的事例，认为他们剽窃了富兰克林的研究成果。尽管真相我们无从知晓，但这些有血有肉的科学家轶事可以让我们与科学更近一步。

2014年12月，沃森拍卖了诺贝尔奖的奖牌，以475.7万美元落槌成交。

最后一个尚未解开的疑团是4种碱基的排列方式如何决定遗传信息。

前面已经提到，DNA由A、T、G、C四种碱基形成的长链组成，呈现两条长链反向吻合的构造。两边的锁链按照A-T、C-G的方式组合。

◆DNA的构造（双螺旋与ATGC）

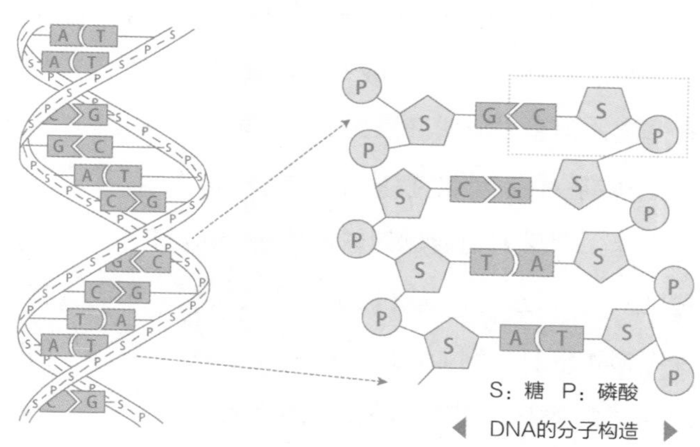

◀ DNA的分子构造 ▶

这种关系叫作“互补”关系，总之，“两侧的长链保存的遗传信息一样”。例如，一边的长链是“AGCTGCTA”，那么另一边就是“TCGACGAT”，两边互补地保存了同样的遗传信息。

人类已经证实遗传因子的本质是DNA，并推测出碱基的排列或许代表了遗传信息。同时，人们发现由蛋白质构成的酶控制着生物体代谢之类的化学反应。酶能够调节化学反应的速度，从而在生物体内形成各种各样的物质，使其维持生命活动。

蛋白质是由20种氨基酸连在一起的长链。DNA的碱基有4种，每个碱基对应1种氨基酸的话，只能指定4种氨基酸。两个碱基对应1种氨基酸的话，最多只有“4×4”=16种氨基酸。但蛋白质实际用到的氨基酸有20种，因此至少也是3个碱基对应1种氨基酸。

于是，科学家们通过把碱基按照一定顺序排列而人工合成DNA，然后通过使其合成蛋白质的实验，来调查DNA如何保存遗传信息。例如，碱基序列为“AAAAAAAAA”的DNA形成的蛋白质中，氨基酸的排列顺序为“苯丙氨酸—苯丙氨酸—苯丙氨酸”。

再将碱基序列调整为“AATAATAATAAT”，氨基酸顺序为“白氨酸—白氨酸—白氨酸”；如果碱基序列是“AAATAAATAAATAAAT”，则氨基酸的排列顺序就会变成“苯丙氨酸—异亮氨酸—酪氨酸—苯丙氨酸（重复）”。

可见，一个氨基酸是由三个碱基组合（密码子）决定的。

就此，人类解开了遗传的谜团。

4种碱基每三个一组，总共有4×4×4=64种排列方式。科学家调查了所有碱基序列，弄清楚了每种碱基序列所对应的氨基酸，而且还发现DNA含有对应开始读取氨基酸的密码子以及停止读取的密码子。

就此，促使生物进化的遗传之谜已经解开。DNA是控制遗传的物质，其中碱基的排列决定了氨基酸的排列，甚至可以说是决定了性状的表达。这就是遗传的原理，DNA中碱基排列方式的差距使得不同个体之间存在差异性。而自然选择应该就是通过作用于这些差异，来引发生物的适应性进化。

关于自然界中的生物进化，还有一点尚未明确。

如果自然选择只保留特定的基因型的话，生物应该会停止进化。要想持续进化，就需要不断给种群提供新的遗传变异。而且，这些变异应该发生在DNA的碱基序列上。

那么，什么样的机制导致了基因变异，从而形成了性状上的个体差异呢？倘若明确了这个问题，人类就能科学地解释自然中的生物进化一直在持续。

人们通过对果蝇的放射线照射研究，了解了特定种类生物体内出现遗传变异的原理。

当用放射线照射果蝇后，子代出现从前没有的性状的概率很高，而且这种特性还会遗传。而普通喂养的果蝇出现这种变异的概率极低，但是用放射线照射后，变异果蝇的出现概率就会大幅提升。

为了便于研究变异过程中的遗传机制，科学家创造了性状各式各样的果蝇。于是，出现了小翅、白眼、无眼、八只腿等五花八门的果蝇。这些变异现象被称为“突变”。

“突变”产生的原理日渐清晰。其中，很多是所谓的“点突变”，即密码子（构成蛋白质的氨基酸对应的碱基组）的三个碱基中，有一个碱基发生变化，导致氨基酸变为其他种类，引起个体性状变异。

细胞分裂的时候，DNA的双螺旋解开，每条螺旋结构会以各自的碱基序列为原型，复制出一条与原来双螺旋结构相同的单链。变成两条的染色体组分别进入细胞后，形成与原先相同的细胞。

此时，如果与碱基原型不对应的碱基错误地进入螺旋链中，下次复制的时候便会产生与错误碱基相互补的碱基，导致新的碱基序列和原来DNA的碱基序列出现差异。

也就是说，一个失误被拷贝，使得生物产生了突变。

DNA的结构及基因复制的原理被揭晓以后，进化如何产生必要的变异也日渐清晰。由于蛋白质的氨基酸序列变化时，蛋白质（酶以及性状的原料）的功能会发生微妙的变化，因此形成的个体性状会与以往的形状有所不同。

密码子上出现的碱基替换会遗传给子代，这一点满足了进化的三大条件之一——“遗传变异”。

综上所述，DNA的突变带来生物性状的变异，而自然选择会作用于变异体之间，推动进化。此外，由于变异体是不断供应的，所以进化永远不会终结，且处于一直持续状态。就此，人类关于进化的了解基本达到完成状态。

“综合进化论”的诞生

从拉马克提出“进化”理论、达尔文揭晓进化原理之后，又经过了很长时间。人类探索出了遗传原理和基因的真面目，而且弄清楚了基因复制机制下变异的原理，于是，“进化论”融合了这些新的知识，迈入了一个全新的阶段。

“综合进化论”诞生了。综合进化论在达尔文进化论的基础上，吸收了达尔文进化论尚未明确的遗传机制等理论，刷新了进化论的知识体系。

综合进化论以全新的知识印证了进化的三大原则：

1. 由DNA形成的遗传基因会传给子代，记录在基因上的遗传信息以生物性状体现出来，从而使性状得以遗传（=遗传）；

2. DNA复制时，碱基导入出现错误，改变碱基序列，于是合成的氨基酸链的序列也产生变化，导致表达出来的形状与亲代有所差异（=变异）；

3. 遗传变异产生的变异体之间，可以传递给后代的DNA的复制能力参差不齐，其中复制数量多的变异体能够进化（=选择）。

简而言之，人类试图利用从DNA角度还原遗传基因的行为，来理解进化的全过程。

科学主张“尽可能简单、没有多余假定（即特定条件下的假定）的说明是最好的说明”，这就是所谓的“最节约理论”，是贯彻科学思想的一大原则。

从“最节约理论”的观点出发，只用DNA的行为就能解释进化的“综合进化论”对于科学家们来说是一种很容易接受的理论。

此外，还有一种叫作“活力论”的本质性理论，认为“生物具有特殊的本质，即该进化的时候就进化了（有目的的进化）”。与这种本质论相比，“综合进化论”并不需要“对本质进行特定的假设”，是一种更有优势的科学性解释。

另外，“本质论”是人类在对事物进行科学思考时不可避免的问题。正如刚才举的例子，如果生物之间存在任何跨世代的本质，且生物会在应该变化之时变化，是不是就可以称之为对生物进化的一种说明？

其实不然，这种解释并没有说明任何事情。

这种解释与“神决定一切”的言论没有任何区别，不过是将“神”一词换了一种说法，改为了“本质”。

而科学性的说明不会掺杂诸如此类的神秘力量，科学是一门阐释现象如何、为何发生的思想。如果将问题统统丢给“本质”一说，其实就相当于放弃了科学思考。

但是人类喜欢本质论，甚至可以说是钟爱。

每个生物中都有能够佐证“本质论”的本质。

假如觉得“生物”这个词违和的话，不妨将其换成“每个人”，这样几乎大家都能理解。

但是，即便是“每个人”，对于刺激的反应模式也可能因人而异。人脑非常复杂，经历不同，反应模式也会不同。

我们很可能只是将反应模式的多样性称作了“人格”。

其实，不单是人，机器也携带着类似的个性。想必经常开车的人一定感同身受，即使是同一种车型，每辆车开起来的感觉也不一样。最近，还听说过有的小孩对家里的扫地机器人恋恋不舍，不忍换新。

多数机器都是由很多个部件组成的，一个个有着细微差异的组合体各具特性。同样，人的个性也是在本质的驱使之下形成的。

人们将这一“本质论”进一步扩大化，类似狗、人之类的“物种”均蕴含各自的本质，其本质维持了“物种”的存在。换言之，也有人认为“物种”是有实体的。即使现在也有很多人持有这样的看法。

达尔文就“何为物种”，与当时信奉“本质论”的分类学者展开了激烈的争论。

达尔文认为，世界上并不存在所谓的“物种”实体，而是个体在自然选择的作用下会形成新的“物种”。达尔文否定了“本质论”，主张不存在所谓的“物种”的本质——神秘力量等因素。当时的分类学家与达尔文处于彻底对立的状态。

有趣的是，达尔文说明“进化论”的著作虽然以“物种起源”为标题，但里面并没有涉及任何有关“何为物种”的主题。

“本质论”是一种人们很容易接受的理论。据我推断，人类在成为人类以前过的是群居生活，或许人们将群体的行为模式理解为“人格”。采取相应的行为模式，才会对生存更加有利。因此，人类才会展开本质性方面的思考。

这一推论的科学性可以得到验证。例如，具有群居性特质的动物相互之间经常交流，将其和独居动物对比，只要比较能否设想出它们个性背后的本质即可。如果只有群居动物适用“本质论”，抑或更容易适用“本质论”，那么就能说明本质主义是伴随着群居性进化而来的一种性质。

而科学性的思考从诞生之日起，就开始不断与“本质论”斗争。

我们可能很难相信，美国至今仍有很多人信奉“神创论”。市面上出现了一些面向科学家的书，内容都与“如何打倒神创论”等有关。

在这样的社会大环境下，与本质论无关、仅用物质方面的根据就能阐释进化原理的“综合进化论”被更多喜爱科学思考的人们所接受。

因此，“综合进化论”瞬间一跃成为“进化论”的主流学说。至于它的地位，可以用一句话来概括：“要提进化论，就绕不开综合进化论。”

论点1：连续与不连续

“综合进化论”作为“进化论”的决定版本华丽登场，当然也少不了批判的声音。第一个反对的论点是关于进化的连续性。针对这一点，需要先稍作一些补充。

前面已经提到，地质学家莱伊尔的思想对达尔文影响很大。地形是在成百上千年的岁月里经过逐渐变化形成的，产生了深谷、高山等不同的地貌。

罗马建成非一日之功。微小的变化经过日积月累、在连续不断的作用下，可以发展为巨大的差异。达尔文认为生物的进化也是一样的道理。

“自然选择”作用于生物每个世代，一点点改变生物种群性状的平均值，长时间后新的性状会固定下来。而且，达尔文还认为这种变化促使生物出现了多样化。达尔文将这种现象描述为“自然不会产生飞跃”。

在“综合进化论”登上历史舞台之前，达尔文的连续性进化观多次成为人们议论的对象。如果达尔文的想法正确，那么新“物种”诞生的时候，原来的生物与新生物之间应该存在中间形态的生物。

但是，现实中并没有发现不断进化的中间形态的生物，况且如果物种进化需要几万年时间的话，人们也无法直接确认有没有中间形态。

于是，人类将视线转向了化石，从化石记录中寻求证据。在“神创论”势力壮大的时期，人们对于化石有各种解释，例如化石是忤逆神灵的种族被毁灭的遗骨（不禁让人怀疑神灵是否会创造忤逆自己的种族），化石是神由深地层到浅地层按照事先埋藏好的状态创造出来的，等等。

但是，随着“进化论”的传播，化石被认为是过去存在的生物埋到地层中石化后的产物。因此，只要调查有关化石的记录，就能确认进化过程中，是否存在中间形态的生物。

然而，尽管出土了很多形态各异的生物化石，却没有能看出生物连续变化、不断进化的痕迹。

也就是说，从化石记录中只能看到一种模式：生物出现后在一定时间范围内保持同一种形态，某个时间点突然更迭为其他形态。

对于这种模式有两种解释。一种是生物进化的发生是一个快速的过程，并非缓慢连续地进化。还有一种解释是活着的生物中，只有极少数的能成为化石，而记录中间形态的生物化石恰巧没有保留下来。

不过，在人类对进化几乎一无所知的那个年代，人们对这个问题的争论并没有得出结果。“进化论”的历史上，进化的连续性是一个巨大的问题，不断成为人们争论的焦点。

1972年，美国古生物学家奈尔斯·埃尔德雷奇（Niles Eldredge）和斯蒂芬·J.古尔德（Stephen Jay Gould）通过分析化石记录的模式，得出“生物在很长的时间内表型几乎不会有变化，之后的极短时期内很多生物会出现急速进化。生物的进化就是微进化与跃变式的大进化交替出现的历史过程”。

这种学说被称为“间断平衡（punctuated equilibrium）学说”。该学说否定了达尔文进化论提出的连续进化观，奈尔斯·埃尔德雷奇和斯蒂芬·J.古尔德认为达尔文进化论对于进化的说明存在问题。

连续性与不连续性的问题在“进化论”史上是一个很大的难点。那么，从“综合进化论”的观点来看，这个问题如何解释呢？

“综合进化论”认为遗传因子（DNA）上的碱基替换为其他碱基，使得氨基酸序列变化，引起生物性状变化。在这个过程中，最小的变化是一个碱基替换成其他碱基（=点突变）。碱基有“A、T、G、C”四种。

假设其中一个碱基发生了改变，是否就可以称之为连续性变化？答案是否定的，这是不连续的变化。只要物质的结构不连续，DNA上发生的“点突变”就只能带来不连续的变化。

那么，连续性进化观是错误的吗？也不能全盘否定。因为尽管DNA上的变化不连续，但性状上表现出来的变化不一定是不连续的。确实，根据“优胜劣汰法则”，物种性状不可能出现中间状态，变异基因的等位染色体组合之后，也只能产生良性性状。

但是，孟德尔在发现“遗传法则”时，做了花色的遗传实验：若亲代白花×白花，则子代为白花；若亲代红花×红花，则子代为红花；若亲代为白花×红花的等位染色体组合，则子代会变成粉花。除此之外，头发颜色等的遗传也会出现类似现象，如果亲代是黑发与金发，子代会变成茶色头发，出现中间的性状。

这些变异无论是不是“点变异”，都可以确定遗传基础不同的变异组合到一起后，能够产生中间性状。

于是，DNA上的不连续变化表现到性状上时，以什么样的方式表现（=表现型）就成了人们进一步的疑问。

例如，假设有一对等位基因控制着色素的颜色。如果有两种类型的等位基因能够生成两种色素的话，那么就能产生中间的颜色。而且，如果具备一定的基因，且当基因形成特定性状时，基因的表达系列能够完整地表达的话，则只要有一种等位基因，基因系列就能发挥作用，使其性状得以表现（=优胜法则）。

按照“综合进化论”的变异表现方法来说，DNA上的变化永远都是不连续的，但是这并不代表DNA导致的性状变化永远不连续。

就结论而言，即使考虑到DNA的结构和变异的产生方式，也只能说有可能出现不连续的进化。尤其是“综合进化论”被提出来的时候，人们基本上不清楚DNA上的变化如何影响性状，因此进化的连续性问题迟迟没有结论。

此外，我们再来探讨下“非变异而是选择与连续性结果”的说法。

在证实达尔文的“自然选择学说”的事例当中，最有名的是“飞蛾的工业黑化”。

故事发生在19世纪后半叶的英国。森林里遍布着白色树皮的树木，栖息着翅膀为白色的飞蛾。但是随着工厂的建成，工厂排放的煤烟导致树皮变黑，于是，黑色飞蛾的比例大幅增加。

科学家对这种现象做了如下解释：白色飞蛾在白色的树皮上很难被发现，但黑色飞蛾会很显眼。因此，白色飞蛾更不容易被鸟类吃掉，存活率更高。但是，当树皮变成黑色后，黑色飞蛾更不醒目，更容易存活下来。

这一解释遭到“自然选择学说”否定派的多般刁难。然而，后来其正确性得到了验证。当时，飞蛾并非先变成灰色从而增加黑色个体，而是原本就存在的黑色飞蛾数量增加了。

这就说明“自然选择”作用于多个具有不连续的表现型的遗传变异体之间，导致某一表现型的频率发生了改变，即发生了不连续的进化。

不过，已经存在的两种表现型是否受“点突变”的影响无从而知。因此，进化的连续性问题仍未解决。

达尔文说过“自然不会产生飞跃”。

论点2：进化的发生是否遵循“综合进化论”

“综合进化论”在达尔文自然选择学说的基础上，融合了后来发现的遗传原理及DNA（遗传基因）的结构及复制原理等知识，对从种群内遗传变异体的产生到自然选择后完全适应环境的过程进行了说明。

这一假说在理论上确实说得通，但是要想成为科学事实受到广泛的认可，还需要揭示生物进化是遵循“综合进化论”发生的。拉马克的“用进废退学说”未能成为普世化的科学事实，就是因为后天发育的性状会遗传给子代这一理论前提没能被人们认可。

不管多么完美的假说，如果没有事实能够佐证的话，就无法成为解释现象的原理。那么，对于实际发生的进化现象，“综合进化论”有多大的公信力呢？接下来就分成自然选择与变异的产生两部分来看一下吧。

首先，自然选择是否会让生物产生适应性？

我们先来举几个例子，看一下能得出什么样的结论。在野外，由自然选择引起进化的事例当中，最有名的就是前面提到的“飞蛾的工业黑化”。工业革命时期，工厂大量排放黑色煤烟使得白色的树皮发生了黑化，随之黑色翅膀的飞蛾数量变多。这一现象被解释为黑色飞蛾比起白色飞蛾来说，在黑色树皮上更不显眼，所以白色飞蛾容易被鸟类捕食，于是黑色飞蛾增多了。

由于这项研究发生于“自然选择”引起适应性进化的事实尚未被发现的时代，仍然是非常初期的实验研究，因此不承认自然选择引起适应性进化的学者们提出了各种各样的疑问。

例如，其中一种反对的声音是：黑色飞蛾与白色飞蛾在树皮上停留的位置不同。被捕食的难易程度是由停留的位置所决定的，停留在树皮上更显眼的位置，就更容易被吃掉。

即便事实如此，那也可以证明性状的差别导致被捕食的压力出现差异，自然选择的作用使得两种性状的频率发生了变化，也不至于否定自然选择引起进化的观点。但是，反对论可能无论如何都不想承认是“自然选择”驱使着进化。

当时很多人提出关于“工业黑化”的反对言论，后来都证明是不正确的。“工业黑化”是环境变化引起自然选择对生物体内既有遗传变异的作用方式发生了变化，从而引发性状频率的变化。于是，“工业黑化”成了“适应性进化的实例”，广受认可。

另一个具有代表性的事例距现在更近。

研究对象就是让达尔文提出“进化论”的启蒙生物——加拉帕戈斯群岛上的达尔文雀。达尔文雀住在加拉帕戈斯群岛的各个岛上，鸟嘴的形状根据每个岛上的食物条件有所差异。

以虫类为食的岛上，达尔文雀为了更方便捕捉虫子，嘴部呈细长形；而主要以树种为食的岛上，达尔文雀为了更好地弄碎树种，嘴部呈现钳子状，且更厚、更坚硬。达尔文发现了这一现象，认为原本鸟嘴形状相同的达尔文雀根据岛上的食物条件，进化出嘴部不同的形状。

美国普林斯顿大学的进化生物学家罗斯玛丽·格兰特

（B. Rosemary Grant）和彼得·格兰特（Peter Grant）夫妇住进岛上，调查达尔文雀的嘴部形状，并逐年观察食物条件的变化。

住在特定岛上的达尔文雀的嘴形在某种程度上发生变异，这种形状上的差别会遗传给后代。岛上每年的降雨量都会发生变化，降雨量多的年份昆虫和草种很丰富，而降雨量少较为干燥的年份昆虫会减少，草种也很稀缺，所以达尔文雀只能吃坚硬的树种。

他们调查并记录了每一年的天气条件，达尔文雀的嘴部形状、繁殖量以及翌年达尔文雀嘴部形状会如何变化。

通过长期观察，他们发现了一个事实。

昆虫和草种丰富的年份里，嘴巴肥大的达尔文雀繁殖能力差，第二年鸟嘴普遍会出现细微变细的现象。此外，当坚硬的树种占优势时，那一年嘴部细长的达尔文雀繁殖能力较差，第二年鸟嘴会稍稍变粗。

难道嘴巴粗细只有细微的变化吗？

是的。

但是，这就是达尔文预测的“自然选择”作用下产生的适应性进化！岛上的食物条件每年都会发生变化，所以哪种鸟嘴的形状更加利于生存并不一定。

◆达尔文雀鸟嘴性状的差异

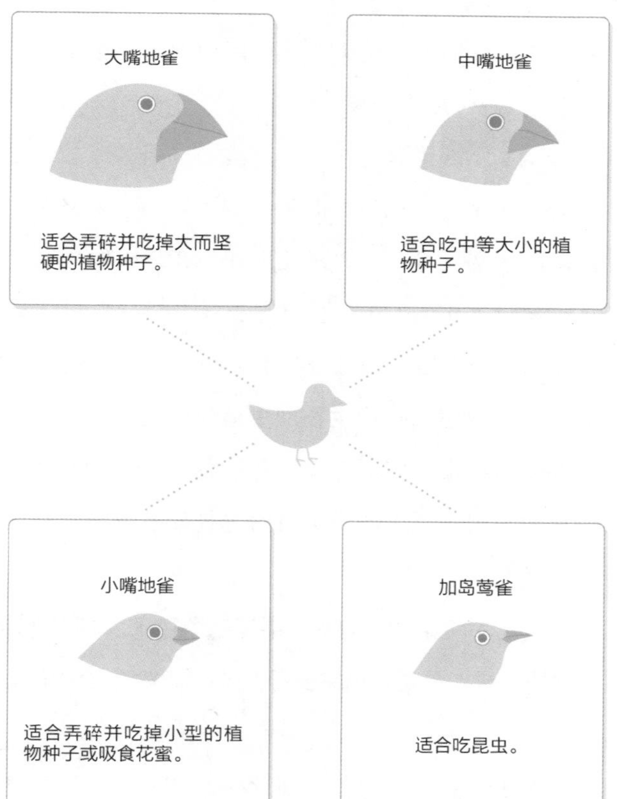

不过，根据观察到的事实，昆虫和草种时常丰富的岛上鸟嘴保持细长；而以树种为主要食物的岛上，鸟嘴基本维持粗壮的状态。

格兰特夫妇的观察结果非常明确地揭示了达尔文当初提出的进化至今仍在发生。

针对“进化需要花很长的时间，所以根本观察不到”的批判，达尔文反驳道：“进化现在也在后院发生着。”但是过了将近200年以后，他的想法终于在孕育进化论的故乡——加拉帕戈斯群岛上得到了证明。

就这样，自然选择让生物产生适应性进化的事实基本上已经确证。后来人们不断发现各种各样的生物都在受到自然选择的作用，至少证明了自然选择使生物产生适应性进化的正确性。

但是，达尔文雀体内的变异事先已经存在，这种变异是如何出现的，或者是否是由突变导致的，仍然没有定论。

“点突变”构成了“综合进化论”的基础，针对“点突变”为自然选择提供可遗传的变异这一点，现在又有什么发现呢？

“点突变”的概念原本是在果蝇的遗传学研究中出现的。在饲养大量果蝇调查其不同性状的过程中，偶尔会出现前所未有的形状特征。

例如，通常果蝇的复眼是红色的，极其偶尔会出现白色复眼的果蝇。白眼果蝇与白眼果蝇交配，其子代的复眼也是白色的。也就是说，果蝇突然出现了遗传性的变异。

解释这种突变现象的最简单的模式就是“点突变”。当果蝇体内形成使复眼变红的色素时，原来的物质会逐渐变成其他物质，最终转化为红色色素。而一种物质变成另一种物质的每一个化学反应中，都有不同的酶在起调节作用。

这些与合成反应有关的酶之中，即使其中只有一种丧失功能，物质的合成路径也无法正常完成，导致最终不能形成红色色素。酶是由具有特定氨基酸序列的蛋白质形成的立体构造，能够促进特定物质的化学变化。所以，氨基酸序列改变后，特定的立体构造无法形成，蛋白质就失去了酶的功能，无法控制化学反应。

DNA上碱基序列变化时，变化处的遗传信息所指定的氨基酸种类就会发生相应变化，合成不同于原来氨基酸序列的蛋白质，影响酶的功能。根据这个原理，DNA任一碱基序列改变都会导致生物性状的变化。这就是所谓的“点突变”。

这类“点突变”通常很难发生。就现阶段的认知来看，一处“点突变”发生的概率大约为千万分之一（10^{-8}）。“点突变”引起的可遗传变异体产生的概率很小，所以人类无法拿到恒定的研究素材，这也为相关研究带来了一大难题。

于是，遗传学家尝试了各种各样的方法，试图提高突变率。后来，通过放射线照射，发现生物的突变率有了飞跃性的提高。在对生物进行一定程度以上的放射线照射后，其DNA在复制的时候很容易出现错误，更容易发生突变现象。

众所周知，人在接受一定程度的辐射（放射线）时，会增加患癌的概率，其原因之一就是DNA复制时产生了“点突变”。

无论如何，遗传学家通过这种方法创造出了各种各样的突变，人类对遗传变异的研究得到了进一步的深入。遗传学家发现，几乎所有的突变都会损伤原本的功能。例如，果蝇出现了翅膀残缺无法飞行、缺眼等现象。

几乎所有的突变都是有害的。

这个事实向“综合进化论”提出了一个疑问。“综合进化论”包含达尔文的自然选择学说，因此主张在既有的变异当中，有利的变异才会被选择并扩大。如果是这样的话，那么只有害处的突变是否能成为引起适应性进化的原动力？

这是一个很难回答的问题。

进化是一个既成的现象，现阶段很难知道自然选择之前原本的形状是什么样子的。但是通过调查特殊情况下的进化，即使在进化发生以后也能弄清楚“适应”究竟代表怎样的现象。

例如，生活在洞穴或者深海等没有阳光处的生物，经常能观察到无眼的性状特征。而生活在有阳光处的近亲物种均有眼睛，这就说明乏光环境中生物的眼睛是逐渐消失的。这种现象被称为“退化”，也可以解释为自然选择作用下的适应性进化。

在无光的环境下，眼睛的存在对生物并不有利。假设形成眼睛的化学反应系统由于突变而损坏，导致眼睛无法形成。眼睛是很复杂的器官，其生成需要合成各种各样的物质；如果不需要眼睛的话，就没有必要合成这些物质，身体就可以把这部分能量用于其他生命活动。

通常环境下，“无眼”的性状对生物体很不利，可是在不需要阳光的黑暗环境中，无眼性状“可以节省相应的能量用于其他生命活动”，变成生物体的一个优点。

黑暗环境下有眼生物与无眼生物竞争，无眼生物不需要能量来生成眼睛，繁殖率会高于有眼生物，于是无眼的性状就会在自然选择的作用下产生进化。

此外，形成眼睛的复杂反应系统一旦出现任何“点突变”，也会导致“不能形成正常的眼睛”的结果。可见，不同生物在经历着无数次的独立进化，甚至看似不利的突变也有可能成为适应环境的突变。

当然，并非所有的进化都是由基因突变引起的，但是从“眼睛的退化”这一进化现象可以看出，“点突变”确实可以成为适应性进化的原因。

两大论点：连续性与选择

我们重新审视一下达尔文进化论的两大论点：连续性与选择。达尔文的“进化论”提出，自然选择会作用于生物种群中既有性状的可遗传变异，经过不断适应，引起进化。

尽管在“飞蛾的工业黑化”那个年代，出现过“飞蛾适应环境并非由自然选择产生”的反对声音，但无论是工业黑化现象本身，还是以达尔文雀嘴形为主的各类研究，都得出“自然选择”是解释已发生现象的最为有效的假说。

当然，科学角度上的所谓“事实”只说明“这一假说无法否定”，是一种消极的论证。无法否认自然选择学说不过是“至今为止最合适的假说”，不排除有更能解释生物进化现象而尚未发现的假说的存在。

插一句题外话，科学事实并非如大家所想，能够断言“绝对如此”。

科学家们会针对解释现象的多种假说，进行各种各样的测试、验证。只有现实与假说预测的结果不同时，才会因“无法解释现象”将其否定。因此，剩下来的假说其实不过是“即便拿来当作事实，也没有任何矛盾之处”的程度。

例如，爱因斯坦提出的“相对论”，由于人类观察到了牛顿力学无法解释的现象（水星的近日点移动等），所以相对论才得以取而代之，但是这依然不能保证“相对论”在未来仍然正确。

我们可能会发现“相对论”也无法解释的现象，能否用其他理论解释未来出现的现象也无从知晓。

曾经有一则报道令我记忆犹新。科学家观察到中微子的速度比光速快，所以报道提出了“相对论是否有误”的质疑。后来发现是测量错误导出了错误的结论，“相对论”的命脉保住了，但是所有的科学事实往往只是“现阶段的最佳理论”。换言之，我们“绝对不能”完全否定更优假说存在的可能性。

同样，我们也无法断言某种东西“绝对不存在”。

2014年科学界最大的话题性新闻是STAP细胞。日本理化学研究所研究人员宣布“有STAP细胞”，引发了媒体界关于“STAP细胞有无”的骚动，但遗憾的是，这不过是科学界一场毫无意义的骚动。如果有的话制造出来就可以，但再三实验后，仍然没能再现出STAP细胞，所以从科学角度出发，只能说“不是现在”。

绝对有、绝对没有才是绝对不知道的事情。主张“不能断言绝对没有”的人拥护STAP细胞存在的言论，其实他们还没理解在科学界中“有”和“无”的真正含义。

当然，自然选择的存在也是科学，因此从以上所述的意义来看，只能说有自然选择。很多人认为“进化并不是自然选择引起的”，这些人只要证明下面几点就可以了。

达尔文“自然选择学说”的本质是“存在的变异之中，有利的变异被选择下来”，所以只要能否定掉这一点就可以。如果任何情况下都只能出现最适合的生物，那么“被选择”的言论就会不攻自破。

达尔文对于自己的学说态度也客观，他时刻关注可能与自己提出的学说相左的现象，如社会性昆虫的存在等。

因此，即使“自然选择从原理上根本不可能”是事实的话，达尔文一定也会坦率接受。

但是，恕我孤陋寡闻，至今没听到任何反对达尔文进化论的人在进行类似的研究。抱怨对于任何人来说都是轻而易举能做到的事情，我很理解有些人想这么做的原因，不过，由于至今发现的很多证据都能证明存在自然选择现象，所以那些无据可依的无聊反驳也只能落得被人们冷落的下场。

那么，达尔文坚持的另一个论点——进化的连续性又是如何呢？对于这个论点，并不能像自然选择那样能清晰地论证其正确性。

连续性基于什么，无法一概而论。从DNA层面来看，一个碱基替换为其他碱基是进化过程中最小的变化，这种变化是连续的吗？

“点突变”使得某种酶失去功能，例如可能导致色素无法合成，使生物的颜色性状发生改变。

这究竟是连续呢？还是不连续呢？

果蝇眼睛的颜色也会从红色突然变成白色，这是不连续进化吗？相信你一定看出来这是一个很难回答的问题。

在实际进化时，这样的例子能举出很多。前面提到过洞穴内的生物进化出无眼性状也是同样的道理。眼球是经过复杂的化学反应连锁作用形成的，当起调节作用的酶指定的某个遗传基因发生变异时，眼球就无法形成。

这很明显是不连续的变化，不过从可能性来讲，遗传因子最小范围的变化（点突变）可能引起进化。由此看来，已经成型的复杂性状很可能在“点突变”的作用下瞬间消失。如果生物处于某种性状消失会对其有利的环境（例如黑暗的洞穴内不需要眼睛）中，从节省能量的角度而言很可能是一种进化。

换言之，“退化”的同时，也可能诱发不连续的进化。

值得考虑的是，复杂性状（如眼睛）形成的过程中，进化是否为连续产生的？达尔文非常笃信具有适应性的复杂性状不会突然间出现。

我们拿眼睛为例。由于我们无法再现眼睛的进化过程，所以只能通过比较各种生物的眼睛来研究它是如何进化的。

不难发现，像人眼这样有晶状体等复杂结构的眼睛并不是突然出现的。最简单的“眼睛”是绿藻等单细胞生物的所谓“眼点”，只具备感光的部分。

当生物进化为多细胞生物时，眼球逐渐变成杯子状凹陷的结构，其内侧分布着视细胞，更加凹陷变成球状，形成眼球，最终进化成具有晶状体且能调节焦点的眼睛。这一变化是伴随着生物体制复杂化发生的，进化也可以认为是一个循序渐进的过程。

那么，眼睛结构简单的生物们是否就不适应环境？批判达尔文主义的人经常主张的理论是："结构不完整的生物无法适应环境，所以经过结构不完整的中间阶段后的进化不会发生。"

但是，这个问题和"对于每种生物来说什么是适应"的问题无法分开而论。我们就以长眼点的绿藻和不长眼点的绿藻为例。尽管眼点只有单纯的感光功能，但是对于体内含有叶绿体可以进行光合作用的绿藻来说，通过眼点可以识别光源的方向，眼点会更加有利。

此外，头足类的章鱼和乌贼具有与人类非常相似的晶状体眼睛，由此可见，历史上脊椎动物与头足类动物是分两次独立进化的。

这两类动物都需要用眼睛聚焦并捕捉猎物，所以进化出针孔照相机似的有晶状体的眼睛对于生物体来说是有利的。为了实现"短时间聚焦"的目的，从过去的眼睛构造而言，“要想达到必要的功能，生成有晶状体的眼睛是最容易办到的方式吧”。

拥有复杂结构的各种形状都是经过中间阶段才逐渐变成现在的样子的。而且重要的一点是，进化的中间过程都各自具有适应性，生物并非朝着最完整的形式在进化。每种生物往往都有自己便捷的进化选项，与此同时，它们会随着环境变化产生适应性进化，最终进化出具有复杂结构的性状。

这个观点非常重要，容我赘述几句。

“进化不是为了完成某个目的，往往是在既有的选项范围内向着适应环境的方向变化，并最终形成了当下的复杂结构。”

这种表达方式仿佛在表达获得性状的进化是连续的，但和达尔文的时代相比，现代人对于生物有了更多的发现和理解，人们发现生物在获取性状的进化过程中，偶尔也会发生不连续的进化。

病毒、转座子、大规模变化

“综合进化论”认为DNA承载着遗传信息的表达功能，而DNA某个碱基序列发生变化是遗传变异产生的主要原因，碱基被其他碱基替换，引起所谓的“点突变”。

我们已经提到过，从DNA的结构来看，“点突变”是遗传信息上产生的最小变化。DNA碱基序列上发生的变化会遗传给下一代。

因此，DNA上无论何种形式的变化都是引起进化的关键原因。尽管“点突变”是一个主要原因，但后来人们发现除此之外还有各种各样的原因可以改变碱基序列。

而且，其中甚至有不止一个碱基被替换，而是出现大范围改变的情况。原本不存在的长碱基序列突然出现在遗传基因中，或者一部分基因序列忽然消失不见，都会引起氨基酸链产生变化。与“点突变”比起来，这种情况下表现型产生的不连续变化可能更为巨大。

此外，人类发现了病毒的存在。

病毒的遗传物质是DNA（或RNA），DNA（或RNA）外面被蛋白质外壳包裹。病毒不具备自我复制或制造能量所必需的化学系统（代谢系统）。

那么病毒是如何增殖的？

病毒可以将DNA运送到生物体的细胞内，利用细胞内的代谢系统，让自己的DNA进行复制，然后再包裹好蛋白质外壳，成功复制出与自己相同的病毒。

这样增殖以后，病毒会破坏宿主细胞，重新以各种各样的方法（空气感染、接触感染等）移动到其他细胞，不断重复增殖的过程。

病毒的增殖过程会对包括人在内的宿主造成各种危害（有时甚至是致命危害），因此病毒被视作病原体，给人类带来了巨大的恐慌。2015年，非洲西部流行了一种可怕的传染病——埃博拉出血热。这种病的病原体就是病毒。病毒自身既无法复制又无法繁殖，所以生物界一直对病毒是否属于生物有所争议。有人主张“病毒不属于生物”，但病毒又可以通过遗传基因完成复制与增殖，具有和生物同样的进化功能。

当具备一定条件时，病毒的一部分可以进入到宿主的DNA中，与宿主的染色体组融为一体。也就是说，病毒的DNA两端能够与切断的宿主DNA相结合，成为一条DNA。

这种现象叫作“溶源化”。病毒的遗传基因不能单独生效，需要和宿主的染色体组一起作用，将遗传信息传递给后代。

“溶源化”发生在宿主遗传基因中时，其DNA序列的变化远远超过“点突变”，宿主既有的遗传基因中会突然插入大段的DNA序列。DNA链被转录，若中间没有终止密码子，那么长段的氨基酸序列就会突然插入已有的氨基酸链中。

“点突变”只会引起一个氨基酸改变，而“溶源化”会产生比“点突变”更大规模的蛋白质变化。因此，蛋白质的功能也会发生巨大改变。

这类变异如果经过严格调节，迄今为止的科学反应体系可能就会瘫痪，无法正常运行，所以不难想象此类变异对宿主致命危害的可能性。

但是，我们也不能断言“没有任何有利的地方”。

◆病毒引起的溶源化

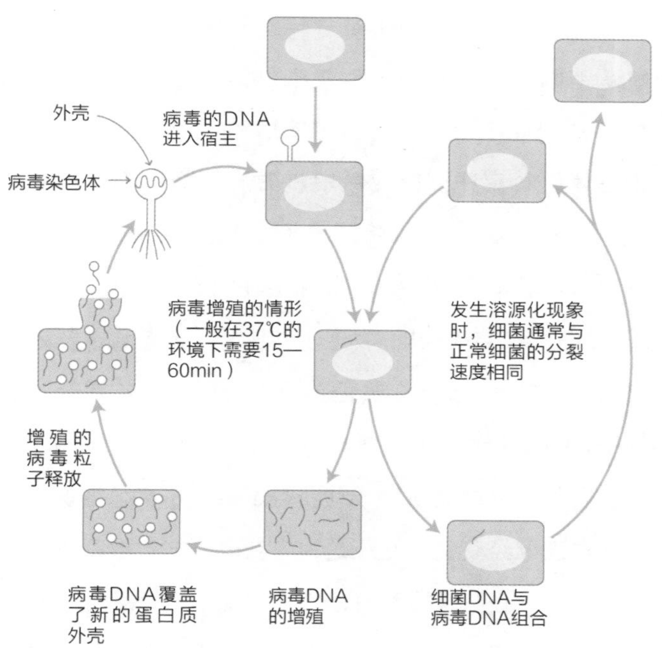

参考：http://www.nig.ac.jp/museum/history/07_c.html

在这种机制的作用下，自然选择可能引起的不连续变异确实会发生，认识到这一点才是最重要的。换言之，狭义“综合进化论”认为“只有点突变才能引起DNA变异”的理论必须得加以修正了。

此外，还有一种例子是“转座子”（又称转座因子或跳跃基因）。“转座子”是染色体组中一段可移动的DNA序列。DNA序列在自身指定的酶的作用下，转座子插入染色体组特定序列的区域中，随后切割下来，从基因组的一个位置插入（“跳跃”）到另一个位置。

1940年，美国植物学家芭芭拉·麦克林托克（Barbara McClintock）发现了转座子，此前人类从未想到这么大的DNA片段会在染色体组中来回移动，这一发现堪称是人类史上的巨大发现。

芭芭拉以卓越的研究成绩获得了诺贝尔奖。据说，即使得知自己已经获奖，她还是为了获取研究数据跑去了农场，真是个一心钻研的人啊！

此后的研究发现，染色体组DNA中通过转座子形成的区域远远超过了之前创造的部分，在有的生物体中，整体40%的DNA都是由转座子形成的。

言归正传，“转座子”插入指挥蛋白质生成的遗传基因中，突然间引起了很大的遗传信息的变化，所以以这种方式出现的新型变异，可能在进化的角度上具有一定的意义。

人们逐渐意识到，染色体组及其包含的碱基序列并非人类最初想象的静止不变，而是不停地在保持变化。

“综合进化论”假定只有“点突变”才能引起变异，但实际情况是很大的DNA分子也可以在染色体组中正常移动。

这种大规模的变化在进化的过程中究竟起到什么样的作用我们还不知道。就连“点突变”对进化有多大贡献都尚不明确，所以目前也没有什么更好的方式，只能在今后的进化学研究当中不断去发现、去揭示。

从进化的连续性来看，染色体组DNA结构的大规模变化表明“飞跃性的不连续的形状进化并非不可能”。达尔文笃信的连续性进化从根本上变得略显奇怪了。

即便如此，也没有明确的证据证明病毒的“溶源化”，以及“转座子”的存在引起了飞跃性的进化。

但是，更加确凿的“不连续性进化的证据”意外地出现了。下一节我们就来看一下新的证据。

芭芭拉·麦克林托克发现了转座子，并因此获得了诺贝尔奖。
芭芭拉·麦克林托克

共生与进化

细菌等菌类（原核生物）没有细胞核。除细菌之外，一般生物（真核生物）细胞里含有被核膜包裹着的DNA。真核生物细胞内具有原核生物不具备的特定小器官（细胞器）。

动物体内有线粒体，植物体内除线粒体外还有叶绿体。线粒体是产生能量的细胞器，叶绿体负责光合作用的进行，它们可以从电子中提取能量，所以被称为电子传递系统。

在电子传递系统里，电子在集中蛋白质之间传递，释放出能量。为了提取出能量，电子需要按照一定的顺序在多种蛋白质之间传递，这些蛋白质按次序固定在线粒体和叶绿体的膜上，以保证传递的高效。

这种膜和细胞膜结构相同，也是由磷脂双层膜组成，就像细胞中还有另外一个细胞存在一样。

线粒体和叶绿体还有一个与其他细胞器不同的特征，那就是它们都具备与细胞核内DNA（核染色体组）不同的DNA。线粒体和叶绿体可以在细胞内增殖，且内部的DNA会经过复制，传递给分裂后的线粒体和叶绿体。

可见，线粒体与叶绿体这两种细胞器的行为和其他细胞非常相似。

美国生物学家马古利斯（Lynn Margulis）基于上述事实，于1976年发表了“共生理论”，即线粒体和叶绿体之前都是能够独立的生物，它们被细菌吞噬后，变成了细胞内的细胞器。这番理论发表以后，很多人认为这种想法完全就是凭空猜测，但是后来经过各种各样的研究，才意识到这一理论似乎是正确的。

“三个碱基组成的密码子指定20种特定的氨基酸”，按照这种原理将DNA的遗传信息表达到蛋白质上，而哪三个碱基组合指定哪种氨基酸，在核染色体组与线粒体内的表现是完全不一样的。

而且，人们还发现线粒体无法独立存活，是因为其自立所需的遗传基因移动到了核染色体组上。

这也是核染色体组为了让共生的线粒体“无法逃脱”，将线粒体的遗传基因的一部分夺去的证据，也就是所谓的“家畜化”。有了线粒体和叶绿体之后，真核生物的能量利用率大增，还可以自己合成营养素，比起原核状态，有了飞跃性的优势。

因此，对核染色体组来说，夺取共生体的遗传基因，将其家畜化是十分有利的。“共生”这个词的背后，其实暗藏了不同DNA之间激烈的支配关系。

从上述解释不难看出，站在“适应性进化”的角度来讲，生物将具有一定功能的共生体摄入体内，“一下子”就能获得共生体的功能。而捕获的共生体仍然具有和本体细胞不同的DNA，也可以进行自我复制并把DNA传给子代，因此也可以说具有“遗传”的能力。

所以，从进化的连续性来看，共生体的获得可以让生物产生飞跃性的进化，其改变程度要远远超过“点突变”、病毒的“溶源化”以及“转座子”。共生理论也可以作为此类进化发生的一个有力证据吧。

那么，共生进化是例外现象吗？

并非如此。

动物只有线粒体，植物既有线粒体又有叶绿体，所以动物和植物的共同祖先——生物（类似细菌的东西）与线粒体的祖先合体后，又与叶绿体的祖先再度共生，才有了现在的植物。

也就是说，植物经过了两次共生，因此，植物获得飞跃性性状的行为，曾经多次发生，这样理解比较恰当。曾经，细胞内共生体的获得（内共生）或许并不像我们想的那样罕见。

共生现象在生物进化方面有多大的重要性呢？“外共生”可能比较容易理解。“内共生”是细胞内吸收了其他细胞；“外共生”与“内共生”不同，是一种消化道等部位吸收了其他生物（主要是细菌）后相互作用的现象。

消化道内也是“身体内部”，但并不是身体组织内部（就像甜甜圈的洞一样），所以也属于“体外”。为了与细胞内吸收进去其他细胞的情形相区别，将其称为“外共生”。“外共生”的代表性例子就是消化道内的共生细菌。

例如，以植物为食的动物无法自行分解植物体内的纤维素（植物的主要构成成分），不能转化为糖类。于是，动物就让可分解纤维素的细菌住在消化道里，借用细菌的力量分解纤维素并加以吸收，从而可以从植物体内获取能量。这种“外共生”常见于从昆虫到脊椎动物等各种动物中，当然人也不例外。

有的“外共生”微生物适应了消化道的环境，反而无法独立存活。内共生也是一样。不管怎样，以植物为食的动物在没有共生细菌的情况下无法制造能量，这其实就和不连续地获得性状是同一回事。

关于“外共生”是如何发生的有一项很有趣的研究。

据日本深津武马博士研究，给体内有共生菌的臭虫（或椿象）灌入抗生素使其去除掉消化道内的共生菌，臭虫的子代几乎无法长大，无法变成完整的成虫。

这已经足够说明共生关系的紧密程度了，但是他又把去除共生菌的幼虫放入臭虫栖息的土壤中饲养，发现体内吸收了土壤中的细菌，幼虫又可以长大了。调查臭虫的共生菌和土壤里自由生活的细菌的染色体组，发现两者之间有非常近的亲缘关系。

此外，调查冲绳群岛后发现，生活在北方的臭虫的共生菌无法培养活，确切地证明了共生菌失去了独立生活的能力。

而且，令人震惊的是，给去除掉共生菌的臭虫幼虫喂入大肠杆菌后，一部分臭虫可以正常长大。这些事实表明，在臭虫与共生菌的共生体系中，臭虫摄入了原本在食物中或水里自由生活的细菌，由此进化出了密切的共生关系。

这种共生菌存在于“体外”，与线粒体和叶绿体都不相同。当子代出生时，消化道内没有细菌，所以亲代需要把共生的细菌也分给子代。以树木为食的白蚁或以植物为食的动物在孕育子代后，孩子会吃亲代的粪便，人们认为这种行为就是子代在摄取亲代的共生菌。

◆尖尾蚁属与球胸粉蚧

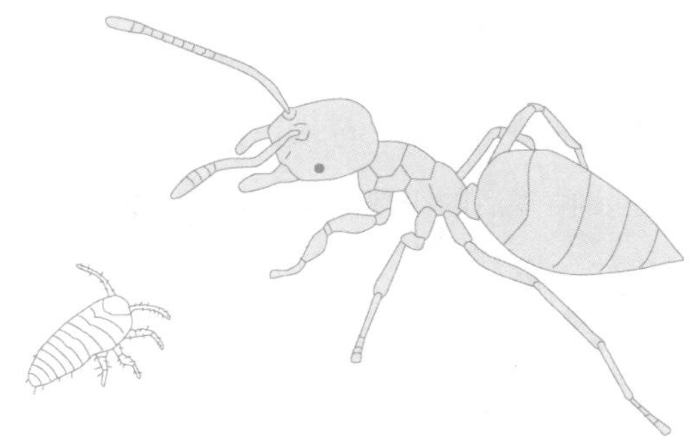

密切的共生关系在细菌以外的生物之间也很常见。例如，尖尾蚁属与附着在植物根部的球胸粉蚧具有强烈的共生关系，尖尾蚁属只吃球胸粉蚧分泌的液体。羽蚁从巢穴中飞出去的时候，嘴里会叼一只球胸粉蚧，在形成新的集群时，将球胸粉蚧移到新巢穴的植物上。没有球胸粉蚧，羽蚁就难以存活，所以一定会带着走，也因此球胸粉蚧在日语中又叫“蚁宝介壳虫”。

共生关系紧密的生物们相互依存、缺一不可。因此，共生菌也在间接地遗传，也可以将宿主与共生菌视为“由双方构成的一个进化实体”。

人们至今都认为共生也是两个不同的生物分别在进化，几乎没人视为一个进化实体。不过，“由双方构成的一个进化实体”这一解释如果能够更好地说明现象，应该也可以作为必要的视角，来说明生物的进化吧。

事实上，人类消化食物需要依赖肠内的共生细菌，故人也是维持共生关系的生物之一。总而言之，共生现象在各种类群中都非常普遍。以“共生”为名义的不连续性状的获取在进化史上是稀松平常的事情，除了“点突变”、病毒“溶源化”、“转座子”等大规模的改变以外，“共生”也是引起适应性进化的强有力的变异来源。

生物通过获得不连续性状“进化”的现象很多，甚至可能超乎我们想象。

至少现在可以得出的结论是，“达尔文认为进化是不间断连续发生的现象这一理论并不正确”。

现在的线粒
体无法独立
生存。

自然选择万能论的观点代表人类停止了思考吗

那么，达尔文主义的另一大核心观点“自然选择”引起适应性进化又面临什么样的境遇呢？否定达尔文进化论的人用“进化的连续性并非一定成立”的事实强调“达尔文主义是错误的”。

可是在说明适应性进化时，“自然选择原理”才是重要的理论依据，即既有的变异之中适应环境的部分会被筛选下来且频率增高。进化的连续性只是达尔文本人坚持的观点，达尔文主义的本质还是“自然选择”。“自然选择是否会催生出适应性？”答案是“YES”。

回过头看刚才介绍的几个案例，也不难发现自然选择在适应性产生的过程中起着巨大作用。坚信“所有的进化现象都是自然选择的结果”的人越来越多。而这种主张就是“自然选择万能论”。

“自然选择万能论”认为所有生物的性状都是自然选择带来的适应性结果，除此以外没有任何东西能引起进化。尽管这种观点非常狭隘，但科学的世界中，一个原理如果可以说明很多事实，就会公认它是一个优质的原理。自然选择原理可以解释一般的适应现象，所以许多人希望自然选择能够成为唯一的进化原理。

无论如何，“自然选择万能论”俘获了一部分进化学家，从“停止思考”的角度讲确实非常有魅力。

之所以这么说，是因为一切都可以归结为自然选择的旨意，不用做任何思考。

这种态度仿佛似曾相识。

没错，拥护“神创论”的人们认为“一切都是神的旨意”，“自然选择万能论”与“神创论”的本质是一样的。这种态度之前在逻辑上并没能行得通，完全称不上科学性。一时之间，“自然选择万能论”的各种研究很难被各界认可。

正如主张“日心说”的伽利略惨遭宗教制裁一样，即使现代科学也会出现学说受到歪曲的情况，如今依然存在很多这样的例子。我熟识的一个朋友提出一种全新的进化理论，将论文投稿到杂志后，审稿人给出了“该理论未得到广泛认可，所以无法采用”的评语，最终论文没有被采纳。

如果像审稿人评论那样，新的理论永远不可能得到公认。科学领域非常保守，很难接受新理论，这也是无可奈何的事情。达尔文“进化论”起初也受到了强烈的阻挠，科学界的保守性可见一斑。

科学领域推崇独创性，但是富有独创性的研究又很难看到论文的增量，这也是科学界面临的一个困境。

要想成为专业的学者，需要积累一定的业绩。在任何人都认可的现存理论的延长线上进行研究，可以提高论文的产出效率，更易于做出大量成绩。因此，对于挑战新领域的人来说，很难产出耀眼的研究成果。于是，无形之中就产生了一种矛盾。

不过在自然选择万能论蔓延的情形下，一位科学家站了出来，宣布有与自然选择进化完全不同的进化方式，经过勇敢的抵抗与战斗，他的进化理论获得了世人的认可。

无关利弊的遗传基因进化——中性学说的出现

“自然选择”的原理是“既有的遗传变异中，对环境有利的变异增加，不利的变异被替换，以此推进适应性的进程”。

但是，所有的遗传性变异与既有的性状相比，一定都是有利或者不利的吗？

我们拿“点突变”为例。

“点突变”是指DNA的一个碱基替换为其他碱基的变异。氨基酸序列承载着DNA的遗传信息，三个碱基的排列指定一种氨基酸。

这就是所谓的“密码子”。DNA序列中的碱基分为腺嘌呤（A）、胸腺嘧啶（T）、鸟嘌呤（G）、胞嘧啶（C）四种。所以三个碱基序列的种类共有4×4×4=64种。蛋白质所用到的氨基酸一共有20种，因此还有44种碱基序列是多余的。

◆ 点突变的原理

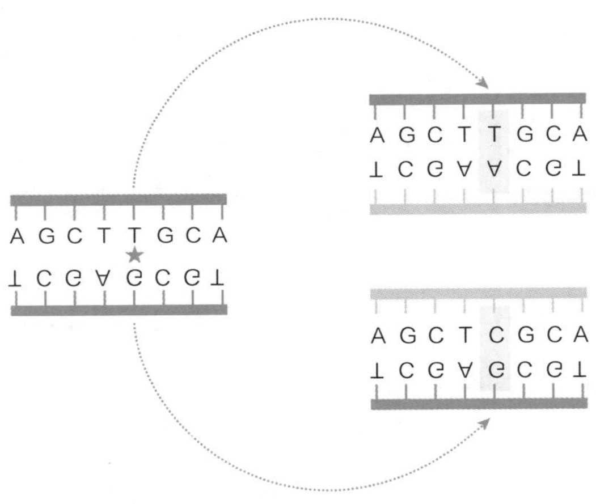

这又是什么原理呢？

实际上，这些碱基序列中包含“第三个碱基（4种中）无论是什么，氨基酸种类都不变”“第三个碱基无论是A、G还是C、T，氨基酸种类都不变”的情况，而且64种序列里还有指定氨基酸终止转录的“终止密码子”，这些指定的都是特定的氨基酸或者终止密码子。

也就是说，有些碱基序列指定的氨基酸是相同的，即使碱基之间发生置换，指定的氨基酸也可能不会变化。氨基酸有变化的置换现象称为“非同义突变”，氨基酸不变的置换现象称为“同义突变”。

从利弊的角度来讲，性状并不是通过碱基序列来显现的，而是以指定氨基酸序列（蛋白质）的表现型来体现的。那么，不会引起氨基酸置换的“点突变”对表现型是没有影响的，与我们认知的类型相比，对生物的进化“既没有利也没有弊”。

自然选择的作用“只针对和既有的东西相比有利或者不利的性状（表现型）”。那么，上述无关利弊的性状进化究竟是遵循了什么原理呢？日本的遗传学家木村资生博士对此给出了答案。

二倍体生物（即有两个染色体组的生物）在产生配子（精子或卵子）的时候，两个染色体组发生分裂，其中一组进入配子中（减数分裂），然后通过受精重新结合为有两个染色体组的二倍体。

例如含有“Aa”的这两个等位基因的个体通过减数分裂形成配子。假设只形成一个配子的话，产生A的概率是0.5，产生a的概率也是0.5。

这样的亲代孕育出一个子代，孩子的基因型就是AA：Aa：aa=1：2：1=0.25：0.5：0.25。由于父母的基因型都是“Aa”，父母那一代遗传基因的频率是A：a=0.5：0.5，但子代出现AA或者aa基因型的概率都是1/4，有可能A或者a会消失。

相信你已经明白了。

每一代之间的遗传基因频率都会产生变动，这就是了不起的进化原理。亲代形成配子时，选择哪对等位基因，是由概率决定的。被挑选的等位基因有时会出现“偏离”，使得下一代的遗传基因频率发生变化。

这种学说与“自然选择原理”毫无关联，是一种让下一代基因频率发生变化的概率事件。木村博士把这种全新的进化机制命名为“遗传漂移”，公布于世。

此外，“进化是由遗传漂移引起的”理论称为“中性学说”，该学说认为进化是一个无关利弊的过程。

但是，“自然选择万能论”已经称霸了整个进化学说领域，所以“中性学说”一开始完全没有被接受。由于“中性学说”从原理上来讲是行得通的，因此最终还是以论文的形式发表了出来。然而，那些信奉“自然选择万能论”的人完全没有想到，“遗传漂移”学说在进化中发挥着巨大的作用。

“中性学说”遭到很多“自然选择万能论”的人抨击，他们曾经认为这种学说对实际的进化没有任何作用。

但是，木村博士却没有随波逐流。

与他共同研究的科学家们收集了很多有关蛋白质酶多态性遗传基因频率变动的数据，数据表明基因频率的变化与“遗传漂移”预测的结果非常一致。

在科学领域中，只要明确事实与理论不矛盾，接下来就要靠“理论是否有据可循”来定胜负。科学家们不断收集证据，逐渐发现曾经受到激烈攻击的“遗传漂移学说”是成立的，久而久之，这种学说就被科学界接纳了。

如今，至少对于没有明确利弊的性状（如DNA或氨基酸序列等）来说，人们普遍认为“中性学说是成立的”。

姑且不论自然选择中的中性性状，对于与功能（如形态等）直接相关的性状进化，中性学说就没能被认可。因为具备功能就意味着有利、不利都很容易显现出来。

要想证明某些性状在按照“中性学说”进化，很多科学家提出必须证明这些性状是无关利弊的。

我曾经写了一篇论文，比较了特殊功能未被认可的表现性状和有一定功能的性状的进化，证明前者应该经过了中性进化。但是却因“有自然选择可以解释的其他可能性，故无法认可论文结果”的理由被驳回，没能发表。

可是，这种反驳本身是有问题的。

之所以这么说，是因为科学领域中如果要证明某个“有”为“真”，就需要找到证据，但科学并不能证明某个“没有”为“真”。对于“符合中性学说的预测”这一有据可循的观点，只答复一句“可能有其他可能性”，完全就是站不住脚的不当反驳。

打比方来说，相当于针对“相对论预测了水星近日点的移动”，反驳其没有将未知理论的可能性考虑在内一样。

我们观察到的事实并没有把“中性学说”排除在外，窃以为先采用这种学说才是正确的做法。不过，或许人们并不认可“非自然选择学说的原理来解释性状表现的进化”。

“自然选择万能论”仍然在进化学者们的心中占据着重要的地位。

性状无关利弊的时候，“自然选择”的作用就会变成零，生物的进化可以说只是遗传漂移的结果。从这种意义来看，遗传漂移学说也可以说是驱动进化的原理之一。

“遗传漂移”主张基因频率的增减都是概率现象，进化的方向很难预测。“遗传漂移”与“自然选择”这两种原理在较量的同时，也以同样的步调决定着性状的进化方向。

进化会跟这两种原理挂钩。

理论尽管如此，但钟爱“最节约理论”的人类无法将两种理论区分开来，怎奈现代科学就掌握在人类的手里。

进化原理与“还原主义”

科学界把能解释很多事实的理论归结为“一般性较高”的理论。

例如，爱因斯坦的“相对论”虽然被看成是与牛顿力学相对立的学说，但现在我们处于地球这个特殊环境中，构成“相对论”的一部分要素完全可以忽略。因此，我们确定牛顿力学是成立的（适用于地球上的物理法则）。

也就是说，在地球上，“牛顿力学可以理解为相对论的特殊情况”。

此时，适用于各种情况的“相对论”就是科学上更优质的假说。由此可见，假说之间可以是包含关系，当一种假说是“上位假说”时，就意味着这种假说更有普遍性和科学性。但是，为了简化计算，在“使用下位假说也没问题的情形”下，也允许用下位假说来解释某些现象。

总而言之，“为了描述地球上的物理现象，使用牛顿力学也无大碍”。

可是这种想法换到“遗传漂移”和“自然选择”的进化理论中，就不适用了。这两种假说并不是“包含和被包含的关系”，而是相互独立地引起不同世代间基因频率产生变化。自然选择不是遗传漂移的特殊情况，相反也是一样。这两种原理的作用各不相同，且相互独立。

两种原理都能独立地引起基因频率的变化（即进化）。因此，假如要追问“哪种假说更有利”，理论上也不会有定论。

尽管如此，自然选择万能论者还是主张“自然选择是进化的主要原因”，而中性学说的拥护者则坚持认为“自然选择几乎没有为进化做贡献，遗传漂移基本上决定了所有的进化”。

既然理论层面无法达成一致，那就只能在众多的进化现象中调查有几成是自然选择，又有几成是遗传漂移，来考察实际进化时哪种原理占比更高。

但是即便有了考察结果，也不代表确定了两种假说的优劣。即使主张一种是主要原因，另一种也不会被否定。

“自然选择万能论”是单方面愿望的体现，同样，争论“自然选择与遗传漂移之中哪个是进化的主要原因”也没有太大的意义。

弄清楚“每种原理是如何为生物进化做贡献的”才有科学意义。可是，之所以会出现主导权的斗争，完全是科学传统和人类行为所致。

“科学”起源于信仰基督教的欧洲社会。据说，最早创造科学的动机是为了彰显神的伟大，显示神创造的这个世界如何在神的意志下变得完美。

众所周知，基督教中的神是唯一的。如果是神的意志创造了世界，那么创造的原理应该只有一种，人们相信追寻这个原理具有重大的意义。

当然，随着时代的进步，科学最终与神分道扬镳，但是人们仍然秉持一种信念：“应该有能够说明一切的唯一原理。”经常听到学理科的人使用“美”这个词，这个词往往用于形容简单理论能完美解释现象的情况。

此外，现代科学讲究“还原主义”，推崇“尽可能用一种单纯要素的举动来系统性地说明事物”。这确实能称得上“美”，可是世界并非都按照“美”的方式在运转，反而会有一些需要用多个原理相互作用加以说明的现象（进化就是其中之一），这些现象用单一原理的还原主义根本无法解释。进化现象并“不美”。

科学立足于还原主义，不擅长处理类似的现象。这或许就是现代科学的界限。

无论如何，科学诞生于基督教社会的“一神教”文化，讨厌“应对多种原理成立的复杂现象”，可以说科学背后隐藏着“想要将一切现象统一为单纯的还原主义”的欲望。

换句话说，人类从一元化（还原）的角度将进化解释为“基因频率的变化”。这种思想（还原主义）支配着进化。

就进化而言，其现状是这两种完全不同的原理——自然选择与遗传漂移在拔河，它们都可以引起各个世代基因频率的变化。

无论如何，这就是现代“进化论”的面貌。

那么，未来的“进化论”又会变成什么模样呢？

接下来就让我们通过几个具体的事例，通过揭示“人类如何说明生物所表现的现象”，来思考一下“进化论”的未来。

Part 3

进化论的未来

Dawkins
Hamilton

进化的层次：基因、个体、种群

上一章我们介绍了“该如何理解现在的进化”。

归结起来，大概有以下几点。

1. 含有DNA遗传信息的碱基序列发生变化，使生物种群产生遗传变异。

2. 上述变异在自然选择和遗传漂移二者中的一方或双方的作用下，改变下一代的基因频率。

3. 在自然选择或（及）遗传漂移作用下，基因固定下来，种群内更迭出新的性状。

从“生物种群的形成”来看，进化——尤其是自然选择作用的对象可以分成几个阶段性重复的层次。

首先，基因层面。我们已经介绍过，基因是DNA的碱基序列，能够指定特定的氨基酸序列并形成蛋白质。蛋白质作为酶等物质创造出生物的性状。

这就意味着，“一个基因负责生物某种特定的功能”。自然选择只作用于具备功能的东西，因此基因属于自然选择的对象。

当然，表面来看选择的对象是生物的表现型。但决定基因表现型的基因数量会发生变化，因而也可以说基因受到了自然选择。

令人意外的是，“基因才是进化的本质”这一论点起源于近几年。

第一个提出该论点的人是著名的英国进化生物学家理查德·道金斯（Richard Dawkins）。1976年，道金斯针对社会公认的常识——“个体是进化的单位”一说，写了《自私的基因》一书，正面提出了异议。

基于自然选择表现型的结果，子代的个体或存活或死亡，但是自然选择的性状是由基因决定的。道金斯主张：如果要论最终什么东西的增减可以来记录进化，那么“进化的本质除了基因之外别无他物”。

道金斯的态度非常强硬，他认为，将个体或种群作为自然选择单位的想法在对进化的理解上毫无作用。他一个劲儿地强调只有还原到基因层面才是正确的道路。他的言论引来了无数激烈的争论，但绕开道金斯的观点，有一些现象便无法解释，因此道金斯的想法逐渐得到普及，成了一般化的原理。

例如，工蚁和工蜂不生育后代，达尔文在《物种起源》中将它们列为“可能无法用进化论说明的案例”，在很长的一段时期里，工蚁和工蜂堪称是进化的“问题儿童”。

但是，几乎所有种类的蚁后和工蚁都是亲子关系。从基因角度来看，工蚁不繁殖只工作的性质与蚁后繁殖具有同样高的概率。掌控“不工作”性状的基因会通过蚁后传给下一代，所以其实以基因为基础的达尔文主义是可以解释清楚的。

这一结论是英国进化生物学家威廉·唐纳·汉弥尔顿（William Donald Hamilton）发现的，不过道金斯在《自私的基因》中举出了很多类似的例子，并强调说明了从基因层面了解进化的话，能够更好地解释与理解进化现象。

于是，进化的单位中加入了“基因”这一层次。

性状通常指的是基因表现出来的表现型。“某种生物能够保留下来多少后代”取决于它跑得有多快、能否高效率地捕食等“个体”的性状。

因此，尽管最终决定性状的是基因数量的变化，但实际上接受选择的是“个体”。所以，将“个体”作为进化单位的想法逐渐被广泛接受。个体作为基因表现出来的性状的集合体，承担着各种各样的功能。

在此顺便思考一下进化的单位需要具备哪些性质。没有人会觉得个体的一部分——如“右腕”等部位是自然选择的结果吧？但是，如果说自然选择作用于“决定右腕性状的基因”的话，就不会有任何违和的感觉。当然，“个体”被选择也是非常自然的说法。

那么，其中的差异从何而来？不难发现，我们认同的“进化的东西”是可以发挥特定功能的“一个整体”。

道金斯是一个极端的基因还原主义者，他没有说每个特定的基因座（基因在染色体上所占的位置）是进化的单位。基因座逐个变化的时候，指定基因整体的蛋白质功能会发生变化。也就是说，变化是基因负责的“功能”。不符合这个“整体的概念”，就称不上是“进化”。

这一理论虽然仅仅是概念性的描述，却起着意想不到的重要作用。由于个体是体现功能的实体，所以我们认为个体是进化的单位。在道金斯提出“以基因为基础的进化论”之前，人们理所当然地接受了“个体基础的进化论”。

进化的单位就是承担功能的实体。这就是人类对“什么东西在进化”这一疑问的回答。

但这究竟是人类在进化过程中掌握的适应性，还是任何智能体都有同样的认知，我们尚不了解。在漫长的历史长河中，人类成功地从侵袭的生物手中逃脱并存活下来，或许当时以承担功能的实体为单位来认识人类更加利于生存。

这些有趣的故事至今仍无答案，就先浅尝辄止吧。也许只有当我们人类遇到独立进化的智能体时，才能知道我们的理解是否具有普遍适用性。

言归正传，以个体为单位的进化理论实际上起源自达尔文。曾经人们认为进化的单位是“种”。达尔文提出了“种群”是作为个体选择的结果产生的，“种群”本身不会进化。

达尔文在《物种起源》中对“进化”进行了论证，他并没有写到“种群”进化或者“种族”是什么。达尔文严格对抗当时主张“物种”存在性的分类学者，并就“种群是什么”进行了激烈的争论。

那么，“种群”是否能成为进化的单位？我不以为然。

例如，日本到处都有黑褐蚁，移动能力并不是很强。因此，日本九州的黑褐蚁和北海道的黑褐蚁生活互不相干。

进化的实体需要是“可承担功能的实体”。然而，“种群”并没有特定的功能，也无法与其他物体相互作用。因此，种群不能成为进化的实体。按照达尔文的观点，曾经通过个体选择形成的“种群”不过是通过扩大分布显示出来的如同残像[1]一样的东西。

那么是否在任何情况下，超越个体的种群都无法成为进化的实体（自然选择的单位）？答案必须是“NO”。例如，蚂蚁之间存在大型的“工人”——兵蚁。兵蚁是一种可以高效率胜任普通工蚁无法完成的工作（如咬碎大型食物等）的特殊个体。

为了使种群整体（集群）达到最高的工作效率，应当有最合适的兵蚁比例。事实上，人们也发现有些种群确实

[1] 眼睛在经过强光刺激后，会有影像残留在视网膜上的现象，也可以称为“余像”。

呈现出了最合适的比例。

“兵蚁的比例”这一性状并不是个体层面的，而是种群形成后才会表现出来，即属于种群层面的表现型。出现“最合适的兵蚁比例”可以理解为自然选择作用于种群，为了改良种群的功能所产生的进化结果。

蚂蚁和蜜蜂的种群都是与其他种群相竞争的功能性实体。“兵蚁比例”是其功能的表现型。可见，说起具有功能性的实体时，种群也可以成为自然选择的单位。至此，我们列举了基因、个体、种群三个层次上的自然选择单位。

正如先前解释过的，选择作用的实体（基因、个体等承担功能的实体）是指“发挥功能的整体”。因此，可能不只有三种，或许仍然有我们想不到的实体存在。

此外，这些单位是按照层次分配的，每个层次之间应该也会有相互作用。例如，基因变化会引起个体变化，个体变化会导致种群结构产生变化。同样，上位阶层接受自然选择之后，下位阶层结构也会随之变化。

未来的“进化学”有必要将这些复杂性考虑在内，更加全面地理解“自然”。

什么叫作“能说明”

达尔文提倡“自然选择学说”，孟德尔发现了“遗传规律”和“突变现象”。然后，“综合进化论”出现了，认为DNA上基因的变化在“自然选择”的作用下产生了适应性。此后，人类通过“遗传漂移”等学说，普遍认识到进化可以用基因频率的变动来描述、解析。

基于以上认知，一门新的学问——“种群遗传学”诞生了，“种群遗传学”探讨的是“种群中基因频率如何变化”。复杂的进化势力关系确实可以用基因频率的变动这一唯一的尺度来理解，很便于形成学问。现代进化学中普遍认为“进化就是基因频率的变化”，这也离不开道金斯的功劳。

但是，从理解生物表现出来的生态现象的立场来看，把进化还原成“基因频率的变化”仍然有一些无法解释的问题。

我的专业之一就是研究蜜蜂和蚂蚁等社会型生物的行为特征。目前，研究存在一个很大的争议。

蜜蜂和蚂蚁中，只有蜂后和蚁后可以生育后代，工蜂和工蚁不产子，它们的主要职责是工作。

科学界将这种现象做了如下解释：工蜂、工蚁与蜂后、蚁后有血缘关系，工蜂和工蚁不产后代，协助蜂后、蚁后的行为特征由基因控制，而这个基因是经由蜂后和蚁后传递给后代的。

工蜂、工蚁与蜂后、蚁后分工协作，“通过蜂后、蚁后遗传给下一代的工蜂、工蚁的基因数量”充分补充了自身不生育所减少的基因量（比起单独进化，形成社会更加有利），种群由此不断进化。

这个观点称为“血缘选择”。

威廉·唐纳·汉弥尔顿最先提出了“血缘选择”，为了使其定式化，他认为在描述个体贡献给其他亲属的基因传递量（即“适合度”）时，需要在自身保留的基因数量的基础上，再加上来自所帮助的亲属的基因数量。

考虑自身协助对方的适合度称作“包括适合度”。要想知道通过帮助亲属得到的适合度（间接适合度）的值，则需用亲属保留的基因数量除以亲属血缘的亲近程度。

这个数值叫作“亲缘系数（r）”，如果对方是自己的克隆体，则r=1。

如对方是自己的“父母”，其体内增加的基因数量均对子代有益，则r=0.5，其中有一半是对自己有利的基因。

现代的进化学说给基因规定了适合度，通过比较某种基因与引起其他性状的基因之间，哪种具有更高的适合度，预测出适合度高的一方会进化。

所以，在思考“血缘选择”的时候，把自身无法孕育后代的社会性进化放到自然选择的架构当中就很容易理解。可以说，道金斯提倡的以基因为基础的想法占取了先机。

不过，科学家们最近发现即使不考虑工蜂、工蚁与蜂后、蚁后之间复杂的相互作用，通过比较种群亲代与子代的社会性基因频率，就能判断出进化的方向。

因此，许多人也在讨论“如此复杂的处理方式是否其实是无用功”。简单解释下讨论的内容，就是在考虑进化问题的时候，直接描述基因频率即可，没必要考虑复杂的相互作用和各自的势力关系。

◆血缘选择

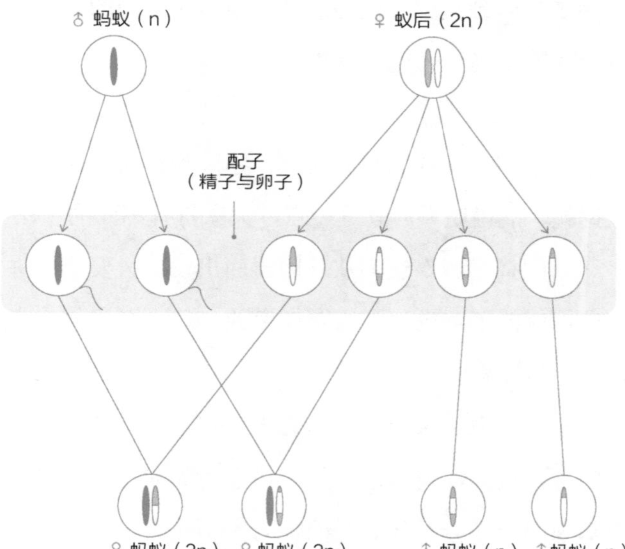

单倍二倍体的有性繁殖生物当中，只含有一对染色体组的是单倍体的卵（未受精卵），为雄性，含有二倍体卵（受精卵）的是雌性。而且，父亲的染色体组全部传递给后代。如子代是雌性的话，来自父亲的一半染色体组是共同的，剩下一半的1/2是共同的，相当于共有3/4的染色体组是相同的。雌性孕育雌性后代时，传给后代的染色体组是1/2。因此对雌蚁来说，比起自己生育雌性后代，倒不如培养一个妹妹的基因遗传率高。

与之相反的意见认为，血缘选择才是理解现象所必需的原理。

关于这两种见解，已经展开了很多年激烈的讨论，仅这方面的论文可能已经超过30篇了。

之所以产生如此激烈的对立，是因为针对摆出什么样的论据就“能说明”问题这一点，大家持有不同的看法。

“基因描述派”认为从基因层面出发，只要明确进化的方向，就能了解进化学需要知道的一切，至于如何产生变化并不是很重要。

而坚持“血缘选择”的人会无意识地从个体角度出发思考问题，认为需要通过了解个体之间如何相互作用以及某个基因的行为会在什么样的势力关系作用下产生变化，才能说明进化的原理。

这两种见解作为理论来说都无法否定。所以，我们需要判断哪种见解能更好地理解生物。

我更倾向于后者。不同世代之间的基因频率变化确实可以描述进化的方向和进化量。如我们所见，仅已知的引发基因频率变化的机制就有自然选择和遗传漂流两种。

但是不管怎样观察基因频率的变化，也无法了解变化是如何产生的。科学的职责就是理解、说明表现出来的现象，从这个角度而言，“没必要研究变化为何产生”的态度本身就是对科学的否定。

我们前面提到过自然选择的单位，基因并非直接接受选择，而是通过携有基因所表达出来的性状的个体增减，引起基因频率的变化。

这样的话，明确如下解释或许更能加深人们对生物进化现象的理解：在个体层面的力量作用之下，带有某种性状的个体数量会发生增减，进而引起基因频率发生变化。

自然对生物的选择方式多种多样，仅用一种原理着实难以说明。站在“还原主义”的立场上，一个原理能说明更多的现象至关重要，将大量进化过程中的同类项——基因频率的变化提取出来就“能说明”进化现象。这种出发点也不难理解。

但是，生态学和进化学的一个重要作用就是科学性地说明世界上不同生物令人震惊的多样性。避开根本的课题，一味追求过度简单化，是否会影响研究的成果？

哲学性的讨论就此打住，接下来我将介绍一些可能改变“进化论”未来的具体案例。

建立在“综合进化论”之上、以基因为基础的现代“进化论”或许不再适用，或者通过发现、观察超出现在认知的各种生物现象，我们可以窥探到“进化论”未来的面貌。

解释生物惊
人的多样性
是进化学的
重要任务。

为什么湖中的浮游生物能够维持多样性

达尔文的自然选择学说可以归纳为：两种不同的遗传变异体相互竞争，较量哪一方的后代更容易存活，能力突出的一方保留下来，能力逊色的一方则会走向灭亡。

竞争存在于各种各样的性状中，如跑得快慢、力量的强弱、耐饥能力的强弱等，最终还原到“孩子能存活多少”来评判竞争的结果。达尔文的这一观点被称作“竞争排除原理”，是“自然选择学说”的大原则。

在狭小的空间里，变异体之间存在相互作用，这种看法非常正确。在以草履虫为对象进行的实验中，把草履虫和捕食者放入水槽后，尽管草履虫的数量一时之间会增长，但不久后就会被以草履虫为食并增殖的捕食者吃掉，导致数量减少，最终走向灭绝。

这是研究“竞争排除原理”非常经典的一个实验，草履虫灭绝以后，捕食者由于缺乏食物，不久后也会灭绝。然而，单纯的“竞争排除原理”没办法说明大量生物共存的自然现象。

为什么大自然中可以有大量的生物共存呢？

在草履虫和捕食者的体系中，还有另外一个实验。在水槽中放入一个藏身的障碍物，会发现原本应该灭绝的草履虫可以存活下来。捕食者也不会灭绝，两者可以达到共存状态。

有了藏身之处后，捕食者“发现草履虫的效率”就会降低，所以出现了一批存活时间较长的草履虫。于是，双方都可以永不灭亡地共存下去。自然环境非常复杂，为了不让被捕食者灭绝，自然界有避免高效捕食发生的特殊构造。

电视节目等都介绍过，即使百兽之王——狮子也时常有狩猎失败的时候。科学家将其解释为“环境的复杂性”缓和了竞争关系[1]，使得两者得以共存。这种情况下，两

[1] 本章中采用一种宽泛的“竞争关系”概念，不仅包括同一生物的“遗传变异体”，还包括捕食者与被捕食者、寄生者与被寄生者之间的依赖关系。（编者注）

者之间虽然“存在”竞争，但并不至于达到“竞争排除”那么强的效果。

那么，当更多种类簇拥在一起时，也会按照同样的原理维持多样性吗？最近，科学家们围绕这个观点提出了很多有趣的假说。湖中有很多种浮游生物，针对“为什么浮游生物能够维持多样性”，科学家展开了一项研究。

湖可以看成一个封锁空间，设想不同物种之间存在竞争关系。如果是“捕食—被捕食”的关系，那么环境的复杂性很可能会削弱竞争。不过，竞争有各种各样的形式。因为会统一进行分析，所以生物之间只要存在相互作用，就会按照竞争能力的强弱体现到后代存活数量的增减上。

这个研究有趣的地方在于“浮游生物的移动能力并不是无限的”。这个实验有一个假设前提，即湖中的生物并不是自由地互相作用，各种浮游生物个体可以与附近的个体发生相互作用，但是不能与湖另一侧的个体相遇。

这是一个很现实的假设。湖对于人类来说可能算不上很大的空间，但是对于微小的浮游生物而言绝对是巨大的空间。人类几乎也不会与住在地球另一侧的人相遇。浮游生物也是同样的道理。

那么，如果忽略空间的大小，任意挑选两个浮游生物个体使其模拟相互作用（距离无论远近都以同样的概率相遇）的实验，会发现“只有极少数的浮游生物可以共存”。

另一方面，换一种模拟实验模式，通过调整距离缩小两种浮游生物相遇的概率，会发现整个湖内的浮游生物中，有“非常多的种类可以共存”。

后者的情况可以理解为“随着距离变化，相遇的概率也会变化”，不相遇（不竞争）的种类会增多，虽然局部范围仍然会发生“竞争排除”的现象，但可以解释为“整体上很多种类都能够共存”。即使在发生“竞争排除”的情况下，整体上也能够维持多样性。

人类以人类的尺寸感来判断空间是广阔还是狭窄。

虽然人类觉得湖很“狭窄”，但对于其中的浮游生物来说，确是大到可以互相见不到面的“广阔”空间。对于和人类一样大型且移动能力很强的动物来说，大陆规模或地球规模的空间，也足够广阔且复杂。

这个研究提出了一个全新的视角：要想维持空间整体

的多样性，问题并不在于“竞争的方式”，还需要考虑到“空间的规模会产生影响”。

这一观点与竞争还原的观点（即竞争永远存在，竞争导致了种群的多样性）完全不同，所以很可能也不容易被人们接受。

不过，作为一种已有的说明多样性的假说，这一观点至少理论上没有错误。尽管与至今为止决定性的观点不同，但仍然有探讨的价值。这一假说实际上是否成立，也是未来进化学的一个课题。

对于浮游生物来说，湖是一个非常巨大的空间哦！

为什么不劳动的棱胸切叶蚁属没有灭亡

我们再来谈谈蚂蚁。

工蚁（除了蚁后）具有不产卵、为整个种群劳动的性状。本书中已经说明过不孕育下一代的性状的进化。

简而言之，工蚁一辈子只劳动不产卵，其母亲，也就是蚁后如果能生出很多孩子的话，工蚁就会将不生孩子只工作的遗传基因通过母亲传给下一代。

通常蚂蚁有蚁后和不能产子的工蚁，这里我们要介绍一种奇怪的蚂蚁——棱胸切叶蚁属。

这种蚂蚁没有蚁后。

那么，孩子是谁生下来的呢？

所有的工蚁都能孕育少量的下一代。也就是说，所有的工蚁既可以劳动也可以产卵。在棱胸切叶蚁属之中，人们发现了一个能看到大型工蚁的种群。

大型工蚁长着小型工蚁没有的单眼，很容易区分。但是，在很长的一段时间内人们都没能明白“大型工蚁究竟是什么”。最近二十年左右的研究终于弄清楚了这种蚂蚁神奇的系统。

大型工蚁比小型工蚁能产出更多的卵，是因为大型工蚁卵巢的数量很多。

小型工蚁会非常认真地完成照顾幼虫、收集食物等工作，大型工蚁却什么都不做。它们只负责吃食物和产卵。

大型工蚁产的卵会孵化出大型工蚁，小型工蚁产的卵孵化的是小型工蚁，科学家推测这种差异是可遗传的。后来，研究发现这种推测是正确的。

从上述事实可见，棱胸切叶蚁属的大型工蚁利用小型工蚁的劳动，来抚养自己的孩子，可以把它们当作寄生者。这种寄生在种群内其他劳动力上的现象被称为“社会寄生”，常见于各种各样的蚂蚁身上，并不是多么稀奇的事情。

例如，佐村悍蚁会侵入有近亲关系的日本黑褐蚁的巢穴，强行夺取蛹或者幼虫。然后，羽化的黑褐蚁为了维持佐村悍蚁的种群不停地工作。佐村悍蚁中的工蚁为了更便于搬运蛹，下颚的形状发生了变化。佐村悍蚁不能做咬碎东西等一般的劳动，筑巢完全依赖黑褐蚁，自己什么都不做。

此外，有一些种群的蚁后在婚飞之后，会侵入不同种蚂蚁的巢穴，将其蚁后杀死，让对方的工蚁来养活自己的工蚁，或者还有一些蚁后不会杀害对方的蚁后，只让对方蚁后照顾自己的羽蚁。

但是，棱胸切叶蚁属有一个不可思议的地方。

棱胸切叶蚁属的寄生者完全不劳动，可以比小型工蚁产更多的卵。所以，在大型工蚁的种群里，大型工蚁的比例会逐渐攀高，最后只剩下大型个体。

由于存在单位时间内繁殖率不同的两种遗传类型，所以这种现象是典型的“竞争排除”现象。但是大型工蚁的比例升高时，整个种群的生产能力会降低，因为大型工蚁并不工作。

最终种群难免会走向灭亡。寄生者如果不在种群之间移动的话，不仅遭到入侵的种群会灭绝，寄生者也会灭绝。有着寄生者身份的大型工蚁会在不同种群之间移动，像病原菌一样“感染”健全的种群。倘若感染力太强，那么所有种群都会在感染寄生者之后灭绝，寄生者的系统很难持久。

但是，有些地方几十年来经常能看到棱胸切叶蚁属的大型工蚁。其原因一直是个谜团。

不过，最近有了一个很有趣的发现。科学家们想出了在一个有大量种群存在的集团当中，寄生者在种群之间移动的模型，通过改变寄生者移动能力的模拟实验发现，当寄生者的移动能力在一定范围内的时候，种群之间就能实现共生。

感染力太低的时候，只有被感染的种群和寄生者会灭绝。

而感染力太高的话，所有的种群都受到感染，整个集团都会灭绝。只有处于特定的中间范围时，被感染的种群灭绝之后，健全的种群会进入这片空地，且进入的速度与寄生者感染蔓延的速度处于平衡状态，使共生成为可能。

这个实验里有两点非常重要，即“集团中存在多个种群”以及“寄生者只能移动到附近的种群中”。

类似的集团，专业术语称为“结构化”。这个概念是相对于“所有随机在空间任意分布的个体都能以相同概率发生相互作用”的“无结构状态”，而取了“结构化”的名字。这种空间结构使得棱胸切叶蚁属长时期之内能够与普通类型的蚂蚁实现共存。

在此之前，“进化论”建立在个体相互作用的集团只有一个且“没有结构”的前提下。但是棱胸切叶蚁属的事例表明自然界发生的现象并没有那么简单。

正如前面提到的浮游生物的多样性，由于空间大小会对生物的移动能力等加以限制，所以有了“空间结构”。采用这个观点之后，以前用进化思想说明不了的现象才能解释得通。

现在的进化论绝对不是完成品。

今后应该也会发现“我们尚未意识到的原理在起作用”的例子。如果这样的例子一个都不存在的话，那恐怕进化学家们都要面临失业的窘境了吧……

共存的势力关系：没有你我活不下去

“自然选择学说”认为“当多种生物处于竞争关系时，只有竞争能力最强的一个物种能够存活下来（适者生存或竞争排除原理）”。但是，综观自然界，经常能看到同一地方分布着多种相似的生物。

这些“共存物种”为什么能够共存呢？

首先，通过调查待在同一个地方非常相似的物种，观察到它们利用的环境有非常微妙的差异，物种之间并不容易产生竞争。

曾经认为“种群是进化的单位”的今西锦司博士研究浮游生物发现了上述结果。从河岸到河流中心连续栖息着形态有微妙差别的浮游生物种群，一条河里面的浮游生物为了不引起竞争，会改变它们的利用场所。

今西博士把这种现象命名为“分栖共存生态”，他解释了物种为了生存在不竞争的条件下不断进化的原理。

但是，从“自然选择学说”的角度来看，当环境利用倾向很相似且竞争性强的两个物种相遇时，如果“有会遭到正面竞争性状的物种类型”和“有缓和竞争性状的物种类型”这两种生物，那么后者在竞争上的消耗会很小，相较于前者会有更高的适合度。

因此，可以将共生的现象解释为每个物种之中，为了缓和彼此之间的竞争，进化出了相应的性状。

也就是说，自然选择作用于个体的结果就是“分栖共存生态”的出现，环境利用趋势相同的种类会在“竞争排除”的作用下，使其中一种灭绝。

那么，处于竞争关系的多个物种如果不发生“分栖共存生态”的话，是否一定会导致互相排除？

回想一下草履虫和捕食者的关系。

捕食者以捕食草履虫来完成增殖，所以两者可以说是竞争关系。苏联生态学家乔治·弗朗茨维奇·高斯（Georgii Frantsevitch Gause）实验发现，草履虫和捕食者在没有障碍物的地方一起生活的话，捕食者会吃光草履虫，最终自己也会走向灭亡。“竞争排除”的结果就是获胜的一方也无法长久存活。从这个实验当中，可以看出当没有竞争对手的时候，会出现自己也无法存活的后果。

捕食者之中有两种类型，一种是发现草履虫效率很高很快就会将其吃光的类型，还有一种是发现草履虫效率较低会让部分草履虫逃走的类型。

如果捕食者只有后者，则草履虫不会灭亡，整个捕食系统都能存活下来，但是当只有前者时，整个系统很快就会不复存在。

由此，人们发现尽管短期发现食物效率（即繁殖率）高的物种适合度更高，但从“长期存续性”的角度来看，其实是很不利的。这和棱胸切叶蚁属里的大型工蚁与小型工蚁的关系非常类似。人们还未揭晓这种情况下生物如何进化的答案。

关于多物种共存性，最近出现了与“分栖共存生态”原理不同角度的报告。例如，有报告显示，多种青蛙栖息在同一个池塘中，栖息地物种多样性高，某种青蛙被寄生虫感染的概率就越低。

青蛙的生态习性都很相似，所以不同种的青蛙是竞争的关系，但是只有竞争对手存在的时候，它们才能从寄生虫感染之中幸免。其原理可推测为“有其他青蛙时，寄生虫遇到特定种类的青蛙的概率降低，所以感染率也会下降”。

通过与其他种类的青蛙共存，寄生者的寄生（捕食）压力会“削弱”，也就是所谓的“弱化效果”。当然，为了获得“弱化效果”，其他种类的存在是必要条件。

因此，某种遗传类型赢得竞争脱颖而出后，就需要独自承受捕食行为，比起“允许一定程度的竞争者存在”的遗传类型，或许更加不利。

“自然选择学说”只考虑到世上只有“自身”“稍有不同的竞争者”两方存在的情况，把现状考虑得太过简单；实际上自然生态系统要复杂得多。

在捕食和被捕食关系极为普遍的大自然中，正因为需要其他生物存在，生物才会维持与多种生物共存的所谓“多样性”。这一点是理解进化现象的全新的重要观点。

而且就此也出现了“提高每个遗传类型的瞬间繁殖率，以保证在竞争中获胜的战略”最终并不会存活下来的观点。那样的物种类型与“短期繁殖率很低但长期存续性很高的类型”相竞争时，单一的条件下一定会获胜，但事实是世上并非只有这种生物能够存活下来。

因此，人类或许应该思考潜在的“某种原理”，即生物在所处的环境中不让自己出现短期繁殖率提高的进化，而是会让长期性、更容易存续的类型生存下来。

其实，地球上至今出现的生物之中，有99.9%的“物种”已经灭绝。

也许，现在进化论的主流思想推崇“短期繁殖率”的选择压力，相比之下，或许生物避免灭绝、降低风险的行为是另外一种更巨大的选择压力作用使然。

弄清楚这一点应该才是新进化学的使命吧。

鲎虫的危机管理

对包括“综合进化论”在内的现代“自然选择学说”而言，“适合度”这个概念最为重要。

当存在两种遗传类型的时候，自然选择会增加对环境有利一方的基因频率，这是自然选择的根本。这里的“有利”究竟指什么？“有利”意味着更强的竞争能力，那么“强”又是什么概念呢？

比如要想从捕食者手中逃脱，跑得快就是竞争能力；要想在水中活动效率高，需要有完备的鳍等，竞争的形式多种多样。但是在思考适应性进化的时候，生物体性状的差异——如跑得快慢所产生的“适合度”就会不同，一般认为“适合度”高的一方更加有利。

“适合度”具体指什么概念呢？“适合度”就是生物传递给下一代时，支配性状的基因（即DNA）的复制数。

两种遗传类型中，适合度数值越高意味着基因频率的增加。

判断生物存在的性状对下一代传递时，考虑“基因传递复制数量（适合度）”如何变化即可，适合度高的就会进化。采用这种方法，可以将复杂的性状进化简单化、模式化。

需要注意这里提到的“适合度”代表“传递给下一代的基因复制数”。这就代表尽可能多地产子，传递更多基因数量对生物个体来说是有利的。

但有时事情并没有这么简单。

我们来看一下鲎虫这种节肢动物的繁殖战略。

鲎虫是在水中发育的生物，住在干燥的环境里，在偶尔降雨形成的水坑中形成、发育、产卵。干旱季节水干涸的时候，鲎虫以卵的形式休眠，静静等候下次雨水的降临。

靠雨水形成的水坑是一个非常不安定的环境。降雨量极少的时候，水坑会很快干涸。此时，鲎虫需要采取什么样的繁殖战略呢？

假设卵在下次降雨时会完全孵化。通常的卵生动物都是这样繁殖的，即产下的卵具备等到条件充足的时候一并孵化的流程。

但是，鲎虫如果也采取所有卵一齐孵化的机制的话，降雨量少的时候，在孩子发育完成并产卵之前水坑很有可能干涸。这样，后代就会全部灭亡，亲代的适合度就会变成零。

但是，鲎虫无法预知下次降雨时，是否会出现足够的水坑让它的孩子完全发育。

怎么办才好呢？

实际上，鲎虫产的卵中，有一次性浸湿会孵化的卵，有浸湿两次、三次会孵化的卵，甚至还有多次浸湿后能孵化的卵，形式各种各样。

这样的话，即使第一次降雨孵化的后代全军覆没，只要第二次的降雨量足够，基因也可以成功传递到将来的世代。

几次当中，一定会有一次降雨量是足够的，因此亲代的基因型可以通过让孵化后代所需的浸湿次数不规则分布，来确保自己的基因可以传递给将来的世代。

这种战略很像轮盘赌博时，为了防止输得身无分文，会同时在红色与黑色两边下注（对冲）。因此，鲎虫的繁殖战略也叫作“两头下注（bet-hedging）战略”。

当然，这种下注方法尽管一定会有收益，但是也会有一定的损失，因此很难出现可观的收益。

那么，鲎虫的做法是不是也一样呢？

如果所有的卵都一次性浸湿孵化的话，假如子代可以一次性在下次产卵前发育，那么下一代就可以获得很多的基因，其子代也能为下一代留下更多的卵。在此基础上，采取一次性让卵孵化的战略适合度会更高，如果环境稳定适合子代正常产卵发育的话，这种假设是成立的。

以鲎虫的做法，无论如何，每年孵化的子代数量都比一次性让所有卵孵化的数量要少。在能保证子代发育的安定环境下，一次性将卵孵化会更好。

鲎虫的繁殖战略虽然短期内收益很少，但是由于难以预测什么时候会出现合适的环境，所以一次性将卵孵化出来风险太大。万一出现不适合的环境，那么传递到下一代的基因量就会变为零。

相信你明白其中的道理了吧。

这意味着鲎虫在极其不安定的环境中，比起获得很高的适合度，选择了“长时间不灭绝的战略”。生物一旦灭绝就无法复活。

因此，比起在适合度很高而风险很大一边下注，“不灭绝”才是更加值得重视的问题。“适合度”的思维方式与普遍情况有所出入。

以往考虑适合度的时候，总是在意“如何让最近的世代大量增加”，相比之下，“如何保证不灭绝”层面的进化正在进行。

这种“危机管理”的观点受到了传统“进化论”的蔑视。传统“进化论”并没有考虑过会有这个观点所需要的环境条件。

但是，在其他生物身上也看到了与鲎虫相同的战略。

例如，生长于干旱地带的植物也采取同样的生存方式。同一个体产生的种子中，“几次浸水后发芽？”答案是不一样的。原因还是一样，如果一次性让所有种子发芽的话，倘若当年的气候不适合萌芽生长，那么就会酿成不可挽回的后果。“两头下注”所需的环境可能比我们想象得更多。与迄今基于“适合度”的进化理解不同，未来的“进化论”可能需要不同的原理，即“宁可舍弃短时间内的繁殖效率，也要优先保证长期的存续”。

适合度、时间以及未来的进化论

“适合度”这个概念在理解适应性进化上起到了很重要的作用，其定义让人们忽略了一个重要的因素。

那就是时间。

现在“进化论”用到的“适合度”定义为传递给下一代的基因复制数量。细想一下，就会发现这个概念试图定义的是个体携带的某种基因的适合度，无论如何，定义的都是一定时间后的状态。

“适合度”不统计生物个体在现在这个瞬间能留下多少后代，而是以产生子代之后的数量来定的。也就是说，不管哪种形式，如果抛开时间的话，就无法定义“适合度”。

换言之，“适合度”永远都是一个未来的数值。现在用到的适合度的定义中虽然没有包含时间的概念，却通过

“下一代”这个限定模糊地体现了与时间的关系。

那么，通过限定比较“下一代”的适合度大小，测量遗传类型增减的行为有什么意义？

下一代对某个个体来说，可以说是定义“适合度”最为接近的未来。基因不传递的话，就不会出现适合度。最短的未来就是下一代。

如果换一种表达方式，那么现在使用的“适合度”的定义对于某种遗传类型来说，记录的是距现在时间尽可能近的节点的“适合度”。

目前的进化论认为“适合度”的大小决定了进化的方向。比较现在瞬时的增长，可以设想增长率越大，未来世代的基因频率的增量越大。其实就相当于对现在这个时间点进行微分。

用微分一词来解释，可能很多人理解不了。其实很简单，连续变化函数中某一点的切线斜率就是微分系数，即“瞬间的增长率”。

微分的大小决定了将来哪一方可以占领种群，所以这个假设中隐含了一点，即从现在到遥远的未来，这个增长率都不会发生变化。在这个假设的前提下，才能比较“现在”的瞬间增长率，预测将来哪一方会优胜。

但是，现实中生物是否遵循这一假设的前提呢？考虑这个问题或许可以想一下先前举出的棱胸切叶蚁属的大型工蚁（寄生者）和小型工蚁的例子。

寄生者不工作，可以产很多卵。小型工蚁工作，且只能产少量的卵。两者生活在同一种群中时，在现在这个瞬间，瞬间繁殖率高的寄生者的适合度一定很高。按照适合度的原理来看，寄生者应该会占据优势，但是如果只有寄生者的话，整个种群就会因为没有劳动者而灭绝。因此，从遥远的将来哪一方能存活的角度来看，小型工蚁更有优势。

如果不以下一代作为适合度的测定时间，而是将适合度定义为更加遥远的未来适合度，再比较适合度的话，就会得出小型工蚁适合度更高的结论。

进化研究的是遥远的未来生物会如何变化的问题，但现在主流的“适合度”恰恰相反，只着眼于“现在”这个瞬间。而现实是，既有短期适合度较高但存续性较差的“不长久型”生物，也有短期适合度较低但能够长期存续的“长久型”生物，我们需要充分考虑这两种类型的竞争。就现在而言，前者的适合度更高，但是从长远的角度来说，无疑是后者的适合度更高。

那么，生物之中究竟发生着什么样的现象呢？

不妨参考前面鲎虫的事例。短期适合度高的种类会在第二年一并将所有的卵孵化，只要舒适的环境能够持续几年，基因频率一定就能够急速增长。可实际上并不能保证环境永远舒适，所以没有鲎虫采用这种进化方式。

鲎虫的繁殖战略仅用下一代的适合度是无法解释的。因为一并孵化的话，下一代的适合度一定很高，可现实是长期适合度高的类型才能获胜。

那么，为何一齐孵化的类型难以获胜呢？

因为环境太不稳定。

由此可见，实际发生的进化并不是按照现在的瞬间适合度设想的进化模式，而是需要将环境的制约因素（如环境变化）也考虑在内，才能说明清楚。

在一定环境竞争中本应获胜的类型为什么会输呢？

这是因为进化的发生并非仅依赖生物性状，而是要权衡与环境相互作用的结果完成基因频率的增减。

现代标准的进化分析法采取比较瞬间适合度的方法，这种方法为进化学的发展做出了很大的贡献。但是，如果实际进化的过程与该模式预测出来的结果相左时，就需要有能解释事实的更为完整的模式。然而，将来的模式是什么样子，现在无从得知。

考虑这方面的因素是对未来进化学者的一大要求，当然我也包括在内。

前面解释了现在采用微分的思维，我觉得未来的进化模型会将长期环境变动等引起的风险考虑在内，这种模型恐怕会涉及概率函数在内的积分知识吧。当然，我们还需要能更准确地表示适合度的新模型。

知识层面有点困难的论述到此为止，相信只有超越既有框架的思考才能创造出未来的“进化论”。

生活在时间中的生物们：现在做还是明天做

前面我们讨论过时间的话题，接下来再讨论一个与时间相关的生物故事。

假设现在有人提出要给你钱。

这个人给出的条件是：如果现在收下钱的话就给100元（日元，下同），但是明天收的话就给110元。

如果是你的话，会今天收还是明天收？

我觉得几乎所有的人都会选择今天拿走100元。

那么，再问那些选择今天收的人另外一个问题。

如果等到明天的话，给120元，是否会等？应该会有人同意等到明天。可见，人会将很快就能获得的低价值与通过等待才能获取到的高价值视为等价。也就是说，将来的价值在人的心目中大打折扣。这就是所谓的“时间折扣”。

这个故事原本出自经济学领域。

经济学家认为人会做出合理的决定，并试图解析人的经济行为，但结果并不是很顺利。于是，一种新的看法诞生了——“或许人类做的决定并不总是合理的”。“时间折扣”就是其中的一个例子。

某种东西（如金钱）的价值究竟是如何随着时间长短打折扣的呢？以人的行为为原型做了各种调查，发现虽然越是遥远的未来，折扣率会越大，但是即使等待的时间相同，折扣率也并不是一定的，会随着时间的变化而变化。

例如，今天收钱会给100元，等到明天再收的话，就可以拿到110元，对这个问题选了今天收100元的人，对于“30天后给100元，31天后就能拿到110元”的选择题，也很可能选择多等一天。

尽管等待时间都是1天，但折扣率是不一样的。也就是说，“可以为价值攀升等待多久”的理性选择是会随着时间产生变化的。

一般来说，拿到报酬的时间点如果距离现在较近（以下简称“近未来”），折扣率就会较大（没有很高的溢价的话，就不花时间等待），时间点距离现在越远（即使溢价很少大家也会等待），报酬的折扣率就会越小。

此外，“时间折扣率”的下降与时间并不成比例（指数折扣），折扣率起初会随着时间急速下降，经过一定时间以后，下降趋势趋于缓和，表现为双曲线状。

双曲线的性质越强，人们就越发无法展开合理的判断。

以存款为例。存款是一种放弃今天用钱而改为将来再用钱的决定。如果可以按照预期收益存款的话固然好，但很多人的时间折扣都是“双曲线状”。近未来的折扣率很大，所以人们很容易对只能获得微薄利息的储蓄推迟行动。

即使这样，人们还是相信收获少量的利息并且推迟消费，可以在遥远的将来存下钱来。可实际上到了一定的时候，总会因为感到利息太少而放弃存款，把这笔钱花出去。

再举一个例子——减肥。即使计划“通过减肥过上健康的生活”，但是因为近未来的折扣率较大，所以现在还是会吃掉蛋糕。

也许你会想明天再开始减肥吧，但等到明天，果然还是会优先当天，再一次吃了蛋糕。

可见，“时间折扣”是双曲线状的话，原本未来可以实现的计划，到预期时间而完成不了的可能性会很高。也就是说，即使立下存钱或减肥等“合理且有利的计划”，也没办法实现——容易出现不利的结果。

你对此是否也感同身受呢？

这种“时间折扣”的不合理性是否也适用于其他动物？

科学家们在猴子、老鼠、鸽子等动物身上进行了时间折扣相关的研究，不等待的话提供少量的食物，等待时间长的话提供更多食物，通过这样的设置让动物们学习。

结果，这些动物均有了“时间折扣”的概念，且折扣率和等待时间呈现双曲线状的关系。但是，类似的研究主要用于研究心理学的观点，并将所观察到的不合理性解释为“或许是来自脊椎动物独具的高度发达的大脑的认知扭曲”。换言之，时间折扣这种看似不合理的行为，其实是因为具有高度发达的大脑才会出现的不可避免的错误。

那么，没有高度发育大脑的昆虫是不是也有“时间折扣”的概念？如果有的话，那“时间折扣”现象就不是认知扭曲等产生的，有可能是某种具有适应性意义的进化现象。

◆时间折扣呈现双曲线状

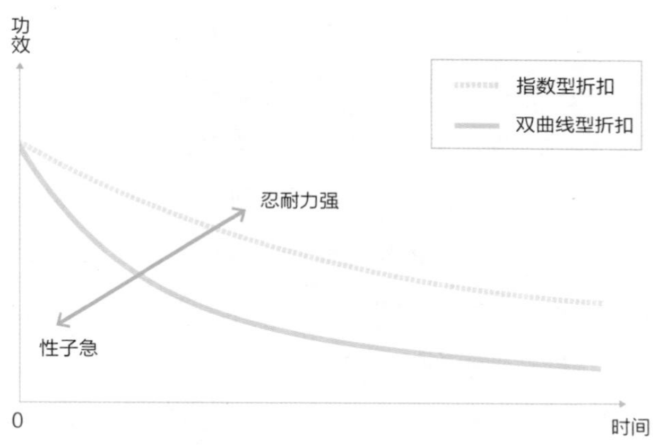

我们实验室用蟋蟀做了“时间折扣”的研究。蟋蟀也能学习，学习之后，“时间折扣成会学习的副产物”这一假说就无法否定了。为了避免出现这种尴尬局面，我们选取蟋蟀不用学习就能判断出价值高低的先天性性状来研究“时间折扣”。

这种性状就是雄性蟋蟀的叫声对雌性蟋蟀的吸引力。

雌性蟋蟀通过叫声来对雌性显示其交配价值。雄性蟋蟀可以发出“唧唧唧”的叫声，每秒钟能发出很多个“唧”脉冲（即节奏快）的雄性更受雌性青睐。于是，我们做实验的时候开辟了一条细长的路，将雌性蟋蟀放在正中间，让雄性蟋蟀置于两侧，分别发出节奏不同的声音，看雌性蟋蟀听到后会选择哪个声音。

当到两侧距离相同的时候，雌性蟋蟀确实会选择叫声节奏更快的雄性。但是，挪动雌性蟋蟀的位置，改变它到雄性蟋蟀的距离（接近品相较差的雄性蟋蟀），尽管能听到位于远处品相较好的雄性蟋蟀的叫声，但它还是会选择近处品相较差的雄性蟋蟀。

雌性蟋蟀似乎在迅速能到手的品相差的雄性和需要花费时间去寻找的品相较好的雄性蟋蟀之间，表现出了价值折扣。这种价值的折扣率是否符合双曲线状，现在仍然在确认当中。总之，我们已经确认，不学习的无脊椎动物也有类似的时间折扣现象。

即时间折扣现象并不是学习的副产物，至少在蟋蟀身上可以解释为先天性获得的性状。那么，为什么生物会表现出一看便知不合理的双曲线状“时间折扣”模式呢？

到此为止，我们都在讨论获得报酬的时间不同，即使等待时间相同，折扣率也会不同，我们认为这种现象是不合理的。但是，所有的生物尽管现在仍然存活，却时常面临死亡的危险，下个瞬间存活的概率并非100%。这样的话，与现在的价值相比，未来的价值会大打折扣也不是什么稀奇的事。如果在等待期间不慎死亡的话，自己死掉不说，还没有孩子，因此不等待“容易死”（折扣率大）的未来，只在乎“不容易死”（折扣率小）的当下，反而才是进化的本质。

而且，对于一般的生物来说，幼年更容易死亡，而发育完全的个体不容易死亡。就年幼个体而言，近未来的折扣率较高，远未来的折扣率相对较低。年幼时很容易死掉，所以比起未来，现在的利益更为重要。但是如果能够存活到很遥远的未来的话，之后生存下来的概率会很高，所以对成熟生物体来说，如果未来利益很大的话，还是等一等更划算。

这样看来，像“时间折扣”一样看似不利的性状可能实际上是合理的。当然，蟋蟀的时间折扣到底是双曲线状，还是如前面所述，随着不同年龄死亡率的变化而产生，至今还不知道。另外，如果折扣率根据下一个瞬间存活的概率变化而变化的话，折扣率随着年龄或死亡难易程度的变化而变化也不足为怪。

事实上，雌性蟋蟀在年轻的时候，会严格选择雄性蟋蟀的叫声，但是随着年龄增加、剩余寿命减少，选择起来就没有那么慎重了。现在我们正在用蟋蟀和小型鱼来深入调查时间折扣。

对于生物来说，现在的价值与未来的价值并不是等同的。

这种时间效果在以往的“进化论”中并没有得到论证。但是，所有的生物都存在于时间的长河中，时间角度的论证是未来“进化论”不可忽视的一大重要因素。

性的谜团：损失是为了获益

人类分为男女。

《圣经》中记载，神用男人（亚当）的骨头创造了女人（夏娃），并让他们生活在名为伊甸园的乐园之中。然而，夏娃被蛇诱惑，偷食了神的禁果——智慧之果（苹果），而且也让亚当吃了禁果。人要是吃了“生命之果”后就可以得到永恒的生命，神因畏惧亚当和夏娃也会变成和自己同样的存在，因此将他们逐出了乐园。

对于人类来说，性的存在是人类苦乐的根源。如果没有性的话，包括恋爱的纠葛在内的很多人世间的烦恼将不复存在。

生物学将性定义为“繁殖后代时，吸收其他个体的部分基因并加以混合的行为”。几乎所有的生物都具有一定形式的性特征，但生物最初应该像细菌一样，只能分裂增殖，性从无性状态经过了二次进化后发展至今。大多数生物都具有性特征，由此可以推断有性生殖生物比无性生殖生物有更多优点。

但是，“有性”从“适合度”的角度来看存在很大的劣势。例如，生孩子的都是雌性。如果把孩子全部替换为雌性，则孩子就能保留更多的后代。

有性生殖的生物必须生出雄性后代。如果子代中半数是雄性的话，子二代出生的后代数量也会减半。可是无性生殖中，所有子代都能生育，完全不会产生这样的问题。

有性生殖的过程中，适合度会突然减半。这就是所谓的“有性生殖的二倍代价”。无性生殖的种群里即使出现有性的变异体，依据“优胜劣汰”法则，只要有性生殖的优势不超过二倍（抵消劣势），就无法进化为有性生殖。

通过研究既能有性生殖又能无性生殖的几种生物，可以得到有性生殖的优点。尽管有性生殖在某些方面的优点得到了认可，但是数量仍然没有超过二倍。

因此，有性生殖为何进化至今仍是个谜。然而，有性生殖到处都是，也暗示了这种生殖方式在进化中是有优势的。

那么，有性生殖的优势是什么呢？对带来的基因有什么好处？目前有几种假说，我们来看一下其中的一种："由于环境变化，子孙保持遗传多样性有利于生物在各种各样的环境中存活下来。"

有性生殖在繁殖下一代的时候，会与其他个体的基因相混合。每个碱基的"点突变率"大约是千万分之一，因此有性生殖比起只能通过"点突变"获得遗传多样性的进化来说，可以将更大的遗传多样性传递给子代。

即便环境出现各种变化，只要子代的遗传多样性足够大，总有能存活下来的，物种的子孙不会灭绝。在解释有性生殖的进化时，变化的环境并不是指物理环境，病原菌等足以给宿主带来致命打击，此类生物环境的变化也需要考虑在内。许多病原菌只有在宿主具有某种遗传特征时才会感染，因此如果子代的遗传多样化的话，就不会出现所有子代都染病灭亡的情况。

物理环境变化导致生物环境发生变化时，理论上会考虑其他假说，但是其中的逻辑都大同小异，无非是子代遗传的多样化可以令所有子代死亡的概率降低。

你是不是觉得这种观点似曾相识？没错，就是鲎虫的例子。鲎虫舍弃了提高短期繁殖率的方式，选择更为长期的、存续性更有保障的进化方式。其实，这种想法与前面的观点不谋而合。那么，有性生殖时，生物后代的灭绝率的降低是否会抵消有性生殖的二倍代价呢？很遗憾，这方面还没有可信的数据。

适合度的定义是“传递给下一代的基因量”，但即便拿亲代的存活率与下一代的相比，也不会测出太大的差距吧。不过，尽管每一代的灭绝率没有太大的差别，但一旦发生变化时，后代的灭绝率就会有大的差异，那么长期来看无性生殖生物灭绝的风险可能就比有性生殖的风险高出二倍。

遗憾的是，现在还没有能够定量讨论长期的适合度差异的方法，而且实际操作中也几乎不可能长时期对生物进行追踪。

在研究酵母菌有性生殖和无性生殖的实验中，改变实验环境后发现有性生殖更有利，但是很多野外的生物都比较难做类似的调查研究。也就是说，通过实验调查可以证明变化的环境下有性生殖的存在对生物是有利的，而且为生物带来的益处可以弥补有性生殖的代价，但就很多野外生物而言，要想调查它们长期以来的环境变化以及有性生殖的意义几乎是不可能的。所以，尚且不能说野外生物有性生殖的意义已经得到了充分验证。

如今，至少在思考实验层面其意义是可以成立的，在未来的进化学中，仍然需要验证现在无法完全掌握的理论。

“如何不灭亡”的疑问在理解进化现象的时候是一个非常重要的视角，其重要性也许超出我们的想象。

关于有性生殖，还有一点需要考虑。目前我们认为有性繁殖的代价是二倍，这个结论是从不得不繁殖一半数量的雄性子代得出来的。

当在雄性和雌性身上投资等量的资源时，“单位资源反馈的适合度是相等的，所以进化发生时，子代中雌性和雄性的比例为1：1”。这个结论建立在雄性和雌性的数量相同的前提之下。

但是，根据状况不同，有时繁殖子代时偏向雌性更为有利，所以其子代的性别比例会向雌性偏移，有性生殖的代价就小于二倍。

根据这个观点，我们实验室正在对一种特殊的昆虫——葱蓟马进行研究，这种昆虫的有性生殖型和无性生殖型处于同一场所，相互竞争。目前发现，种群整体无性生殖型的比例低的地方，有性生殖型的性别比例略偏向于雌性。而在与无性生殖型竞争激烈的地方，有性生殖型的性别比例更偏向雌性，表明有性生殖型在通过降低有性生殖的代价与无性生殖型的昆虫进行对抗。

性别比例偏向雌性时，有性生殖的代价低于二倍，可见有性生殖的优势即使比我们以往认为的数值低，可能也可以进化。

“性”仍是现代进化学中的最大谜题，充满了矛盾。降低代价以及长期适合度最大化的理论也许能在未来解开这个谜题。

不工作的蚂蚁的意义：短期效率与长期存续

短期高效性与长期稳定性之间存在一种博弈关系。我们再来看一个长期稳定性对进化有影响的例子——蚂蚁种群。

人们都认为蚂蚁很勤劳。即使在炎热的夏日，在落在地上的昆虫附近也能发现很多蚂蚁群，它们会努力地把昆虫搬运到巢穴中。这个场景难免让人想到《伊索寓言》里的故事：在一个炎热的夏天，蚂蚁每天孜孜不倦地收集食物，而蟋蟀只知道唱歌。到了冬天的时候，没有食物的蟋蟀来到蚂蚁家，蚂蚁毫不留情地说："你夏天的时候不是靠唱歌过的吗？冬天跳舞就好了呀！"于是将蟋蟀赶了出去。这个故事告诉我们人不应该不劳而获。

蚂蚁给人一种辛勤劳动的印象。

但是，大部分蚂蚁都生活在巢穴中，出现在地面上的蚂蚁主要的职责就是收集食物，所以一直在工作也是理所当然。

那么，巢穴里的蚂蚁又是什么样子呢？通过制作可观察内部环境的人工蚁穴，我们有了意外的发现。

观察某个瞬间，我们发现整体上只有三成蚂蚁在工作，剩下的七成只是呆呆地站在那里，打扫自己的身体。这些蚂蚁并没有照顾孩子，也没有为了造福种群其他成员而“劳动”。

好吧，不过是某个瞬间没有工作，我们上班的时候，也有某个瞬间在喝咖啡什么的，可能也是一样的吧。本以为这些蚂蚁休息一段时间就会投入工作，但是观察了一个月甚至更长时间蚂蚁穴，有一两成的蚂蚁依然看不到任何能称得上劳动的行为。

考虑到蚂蚁种群的生产性，全员投入工作，生产力会更高，这一点毋庸置疑。那么，在自然选择的作用之下，为什么还有一直不工作的无用蚂蚁存在？

首先，我们思考一下一直不工作的蚂蚁是如何出现的。

蚂蚁的每个工作个体，在接受工作信号刺激达到一定值以上的时候，会自然反应地冲到工作前线。蚂蚁开始工作的临界刺激值叫作“反应阈值”。

然后，科学家们发现面对一定的工作，蚂蚁个体的“反应阈值”存在差异。也就是说，有的蚂蚁在很小的刺激下开始工作，而有些蚂蚁只有当刺激足够大的时候，才会开始工作。这种机制自动产生于一直在工作的个体和几乎不工作的个体。

为什么会这样呢？

用反应阈值解释可能不太容易理解，所以下面就用爱干净的人和不爱干净的人打比方来说明。

让爱干净“程度”不一样的人们聚在房间里做自己的事。过一段时间，房间里会慢慢变乱。

这时候，谁会最先开始打扫呢？一定是爱干净的人。爱干净的人无法忍受房间里乱糟糟的，所以会在有一点乱的时候就开始打扫。

于是，房间变干净了。然后在大家做自己事情的过程中，房间又一次变得很乱。这次谁来打扫呢？没错！还是爱干净的人。

原因是“不能忍受房间乱”。最后，只有爱干净的人在一直打扫，房间乱也无所谓的人完全没有劳动。

这时候更重要的是，如果爱干净的人累到不能打扫，那么房间再乱的时候，“不太爱干净的人就会开始打扫”。当房间的凌乱超过一定程度的话，这些人也无法忍受。

蚂蚁的行为也是同样的道理。

并不是不工作的蚂蚁在偷懒，如果对它们的工作信号刺激超过一定程度的话，它们也会开始工作，但由于种群里有干活很勤快的个体，所以它们就可以什么都不干。无论如何，从整体上来看，蚂蚁种群中有各种各样的个体，有的一直在干活，有的几乎不干活。

相信你已经理解了由于反应阈值存在“个体间变异”，因此出现了不工作的个体。蚂蚁的行为实际上可以这么解释，但问题是短期生产量越大，从适合度来说对蚂蚁更有利，“为什么蚂蚁一定会出现不劳动的个体呢？这种原理是否被采纳到了种群劳动的限制体系中？”

下面我们就来思考一下这个问题。

我们关注的是“蚂蚁也会疲劳”。不知是不是《伊索寓言》的引导所致，至今没有人认为蚂蚁会疲劳。

但是，所有的动物都是靠肌肉在活动，生理上的肌肉一定会有疲劳的时候。当肌肉陷入疲劳，不休息一定量的时间是无法持续工作的。蚂蚁也一样。

在此，设想一下全员一起工作的短期生产率高的蚁群。对这样的种群来说，单位时间内的工作量一定很高。但是，如果所有蚂蚁都同时疲劳的话，就会出现所有蚂蚁都无法工作的时间。

如果种群中有不得不完成的工作，那么很可能会出现没有人能承担工作的瞬间。这样，就会给整个种群带来巨大的危害，不常备能随时顶岗工作的成员是一件很可怕的事情。有可能“不工作的蚂蚁”的存在是为了规避没有成员可以工作而给种群带来的巨大危险。

真的有这样的工作吗？

答案是“有的”。

把蚂蚁和白蚁的卵放在同一个地方，会有很多工蚁舔这些卵。用白蚁做实验时，如果让工蚁离开卵块，放置一会儿的时间，卵就会长霉全部灭绝。白蚁工蚁的唾液中含有抗生素，将工蚁的唾液涂到卵上，就能防止长霉。

蚂蚁也是一样。如果卵全灭绝的话，对于种群来说是巨大的破坏，因此舔卵这份工作对种群来说，是一份必须坚持去做的重要工作。平时不干活的蚂蚁只有在工作信号刺激很大的时候才会工作，所以，当其他个体疲劳需要休息的时候它们才会代工。

种群内重要的工作层出不穷。为了应对无止境的工作，需要时常储备不工作的蚂蚁。这可以说是不工作的蚂蚁存在的原因。

在这种设想的前提下我们进行了模拟实验，发现只有在疲惫的时候，存在反应阈值变异的种群比没有变异的种群的存活时间更长。此外，实验还表明实际的蚂蚁种群里也有工作的交替，平时工作的蚂蚁休息时，那些平时不工作的蚂蚁的工作量就会增加。

由此可见，短期生产量少的反应阈值变异系统，似乎可以理解为蚂蚁为了保证长期存续性而进化出来的机制。

这个故事和蚩虫繁殖战略讲到的内容很相似，都是为了规避可能到来的风险所产生的性状进化。但是，两者有一个重要的区别，蚩虫的变化因素是环境，蚩虫为了应对环境可能不舒适的风险采取了适应性进化，而不工作的蚂蚁的变化因素并不是外界环境，而是为了种群内部产生的风险开展的适应性进化。

无论生活在多么稳定的环境中，这种风险都可能出现。因为疲劳是生理方面的制约，动物难以逃脱这种制约。

规避风险导致的适应现象也许比我们想象的更为普遍。迄今用适合度这一概念无法解释的现象，在未来的进化生物学中，应该能够通过风险回避以及长期存续的观点解释清楚吧。

进化论也在进化

本书纵观了“进化论”的过去、现在和未来。通过回顾“进化论”的历史，相信你已经意识到“进化论”也在进化。

从过去到现在，“进化论”的面貌一直在变化。自从达尔文提出“自然选择学说”以后，基于这个观点的议论不断，而随着每个时代新知识的发现，进化论也在逐渐包容各种新的观点。

不过，本书并不是写给专家们的，而是以一般的读者为受众。现在，“进化”这个词会勾起人们怎样的印象呢？

当一个人说“那个人也进化了呢”时，他无意识地混入了某种印象，那就是“进化指的是比原来进步的状态”。如果被描述对象的技术或者能力不如以前，应该没有人会这么说吧。因此，我们说“进化”的时候，往往带有朝着能力更高或者完成度更高的姿态发展的含义。

距离达尔文提出基于自然选择的“进化论”也不过150年左右，在那之前，进化的观念几乎没有在世界上传播开。后来，达尔文主义的影响逐渐扩大，得到了更多人的认可。

其原因一定是“自然选择”的观点让人们有了向更好的方向变化的概念。读到这里，相信有些读者也会有同样的看法。

不过，达尔文提出的“自然选择学说”中本质上比较重要的理论部分并不仅限于此。当生物处于一定环境中时，大自然确实可以发挥筛选出适应环境的生物的作用。根据这个原理，生物产生了适应性。但是，如果仅仅理解到这一步的话，其实只弄懂了达尔文进化论的一半。

达尔文之前（如拉马克）的“进化论”与达尔文“进化论”存在一个很大的区别。拉马克（包括达尔文以前的进化论者）认为“生物朝着该有的样子，完成从简单到复杂的过程（即‘自然演化阶梯’）就是进化”，而达尔文首次指出“进化没有方向性，只有适应环境的生物才会存活下来，以此引起进化”。

达尔文的观点是什么意思呢？看一下所谓“退化”的进化现象，就能理解了。退化是指住在洞穴里的生物眼睛会消失、鸟儿在没有天敌的岛上会无法飞行等现象。

“退化”会让生物失去一度拥有的复杂性状。也正是出于这个原因，才起了“退化”这个代表价值减少的名称。但是，就像正文所述，维持环境不需要的性状需要代价。因此，放弃这种性状的其他遗传型生物繁殖率更高，退化之后反而更加有利。

因而，在达尔文的自然选择学说当中，进化与退化并没有任何差别，退化本身就是建立在人的价值观上的说法，从科学角度来看并不恰当。

总之，“所有的适应性都是受自然选择的作用而产生的适应环境的形式”，“并不是按照既定的方向在进化”。

或许有人还不是很理解有什么不同，容我赘述一下。

达尔文的“进化论”认为性状如何进化取决于“当时所处的环境”。环境无时无刻不在变化，进化本质上没有方向性。进化并不是像拉马克的“进化论”或者现在很多人盲目相信的那样，朝着某种完美的形式变化。

达尔文的自然选择学说以“生物根据环境出现适应性”的理论被人们广泛接受，但“进化没有固定的方向性”的想法当时却迟迟未被理解。

这究竟是为什么呢？因为如果生物是按照一定的方向进化的，倘若有完美的形态，就意味着倾注了某些理想性的东西。

是谁的理想呢？当然是“神”的。科学本来就是通过显示自然的完美程度，来证明神的全能。科学最初是一种歌颂神的思想。

当然，达尔文时代的科学家们也许并没有意识到，也许这样的思想背景已经在他们的大脑中根深蒂固了。更不用说一般人了。“自然选择学说”很好地解释了无意识进化的无目的性。正因如此，达尔文的“进化论”才能流行起来，为人们所接受。

而且，人们之前无意识地接受了很多关于“神”或者“超自然的目的”等理念，产生适应性的“统一原理”——自然选择出现后大受欢迎，人们更是将其视为“说明生物多样性的唯一原理”。

世界是在唯一的原理作用下产生的。提倡唯一神的基督教文化中，那样的“美丽世界”对于人们来说应该是一个非常闪耀的理想。但这都与“适应万能论”“用下一代的基因复制数来表示现在的适合度”等生硬的定义有一定关联。

也就是说，当一种原理足以说明很多事物的时候，用这种原理描述世界，在“一神教”的基准上一定是很美的。

可是，达尔文的“进化论”作为一种科学，其伟大之处在于达尔文主义没有牵扯到一丁点“神”的力量，就解释了生物的多样性和适应性，进化的无目的性是达尔文进化论的精华所在。达尔文进化论出现之后，人类才得以抛开世界有完美形态的前提（即神），去理解生物的进化。正是这一点让达尔文的进化论成了以后“进化论”的基础依据。

但是，进化现象并不能只还原为一个原理。引起不同世代间基因频率变化的原理至少就有两个：“自然选择原理”和“遗传漂移原理”。适应主义者强调“性状的进化只受自然选择的作用”，但这一论述只停留于原理层面，并不能从理论上排除“遗传漂移”可以引起基因频率在不同世代之间变化（即进化）的观点。

此外，现在对于进化的解释以适合度（“传递给下一代的基因复制数量”）的定义为基础，这一解释尽管带来了非常优秀的成果，但是人们也逐渐发现仅用这个理论仍然无法说明生物的多样性。

现实如果是按照多元化的角度产生的，那么我们也需要本着自然多元化的态度，并以此为前提去解释生物的多样性。这时，我们需要的就不是人类追求“一神教”的“美”的态度，而是应该正视世界的复杂与难懂，用“多神教”的态度去理解世界原本的样子。

世界如果本来就很复杂的话，倒不如说生物的进化只能通过多种杂乱交织的原理来理解。

尽管不够完美，但采取多元化的解释可以理顺迄今为止说明不了的各种现象，因此我认为这样会更有价值。

后来，木村资生博士提出了一种新的理论，即“中性学说”。学说一提出来就遭到了适应论者无理的攻击，不被人们所接受。因此，对于学者来说，如果要生存下去，考虑到必要的论文量等短期适合度的话，还是在既有的框架里做一些任何人都很容易明白的研究会更有利。但是，这样的研究无法维持学问的长期存续性。没有新的研究，永远都寄希望于同样的原理的话，这个学术领域就没必要思考新的东西了，不久后就会走向没落。

本书中提到的几个例子表明，“进化生物学”这个领域丝毫没有丧失趣味性。虽然以现在既有的理论已经差不多能够说明各个领域，但是一旦我们的大脑相信“有”完成形态，那么就会看不到原本能看清的东西。

“进化论”未来会如何进化，不到未来我们很难预测。不过如果像往常那样不断吸收新的知识或拥有全新看问题的视角，“进化论”本身也会像生物无限的多样性一样，不停地进化下去吧。而且，我认为“发现其中的趣味，并不断向前推进”就是作为进化生物学家的使命。

后记

“进化论”也在进化。达尔文发现了“自然选择学说”，在不掺杂神的作用的前提下解释了生物的适应性和多样性，从“自然选择学说”的提出到现在已经过去了一百五十多年。

当然，“进化论”自身也在不断吸收最新的生物学知识，其面貌一直在改变。“进化论”的基础内容仍然是自然选择，不过针对自然选择能否解释所有的进化现象，也曾出现过激烈的争论，本书并没有涉及这一点。

进化具有两面性。首先，进化使生物更加多样化，并引起生物的适应能力，是一种机械化的原理。这就是“自然选择”，无论生物拥有什么样的性状、处于什么样的环境，“自然选择”都可以理解为一种持续发挥作用的恒定力量。不过，仅靠这一点也许无法说明进化。

“进化学”还有推测、描述进化历史的一面，如“生命诞生于世上以后，维持什么样的变化、如何与各种生物相处”。从这个角度来看，仅用存在“自然选择”无法将上述模式一元化地解释清楚。

例如，我们认为恐龙灭绝是由于小行星撞击地球造成气象条件出现了大规模的急剧变化，恐龙一下子从适应的环境被抛到了不利的环境中。这种情况下，“自然选择”也还是适用的，因为“小行星撞击”这种偶然事件引起了“自然选择”的力量急剧变化，两者之间的偶发性是有一定关系的。

此外，“进化”并不是一定环境下“自然选择”持续作用使生物趋于完美的过程，而是被偶然因素左右的、“只有一次”的历史现象。

“自然选择学说”确实是一门优秀的理论。人类憧憬只用一种原理解释“美丽世界”的状态，因此就出现了“自然选择能说明一切”的“自然选择万能论”。

但是，后来科学家们发现在驱动进化的势力关系原理中，还有另外一种原理——“遗传漂移”。这种原理打破了人类用统一原理说明世界的美梦。总之，进化是涉及很多种原理的复杂现象。

人只要生而为人，“想用一个完整的原理解释一切”的欲望就永远不会消失，可能也正是因为这个原因，才让“基于多元化理论的进化论”屡屡遭到嫌弃。

现在的理论只根据下一代的适合度大小来分析进化，认为环境永远不会变化。可是我们已经发现这种理论并不完全适用于所有场合。本书中也多次指出，现在我们尚未考虑到的几个因素对进化现象有着一定的影响。

这种全新的视角可能会颠覆自然选择作用产生适应性及多样性的大原则，不过，不采用这些新观点就解释不了的现象也确确实实存在。

但是，也不必过于担心。进化论仍然存在新的发展，这件事本身就是做学问的希望。如果做什么研究都无法从前人的思维中跳出来的话，也就没有必要研究了。

未来的“进化论”应该会与现在有所不同吧。只要我们永葆对生物多样性（包括人类在内）及其由来的兴趣，“进化论”就会一直进化下去。在满怀期待地等待全新“进化论”出现的同时，如果能够尽可能地让自己置身于创造历史、完善“进化论”的处境中，一定是一件非常幸福的事情。我想以此为目标，继续挑战前人尚未思考过的问题。

谨向永无止境的进化献上满怀敬畏的花束！

长谷川英祐

2015年4月